Mostafa El-Qurashi
Aida El-Zawahry
Keinawi Abd-El-Moneem

Badania nad chorobą węzłów chrzęstnych korzeniowych

Mostafa El-Qurashi
Aida El-Zawahry
Keinawi Abd-El-Moneem

Badania nad chorobą węzłów chrzęstnych korzeniowych

w sadach na granatach

Wydawnictwo Bezkresy Wiedzy

Imprint

Cover image: www.ingimage.com

This book is a translation from the original published under ISBN 978-613-9-45815-8.

Publisher:
Wydawnictwo Bezkresy Wiedzy
is a trademark of
Dodo Books Indian Ocean Ltd., member of the OmniScriptum S.R.L Publishing group
str. A.Russo 15, of. 61, Chisinau-2068, Republic of Moldova Europe
Printed at: see last page
ISBN: 978-620-0-54315-8

ACKNOWLEDGEMENT

POTWIERDZENIE

Chwala niech bedzie **Bogu Almajeedowi**, mistrzowi swiata, milosiernemu i milosiernemu. Wszystkie słowa nie są w stanie wyrazić mojego głębokiego podziękowania dla Boga, aby dać mi moc, aby zakończyć tę pracę.

Autorka pragnie wyrazić swoją głęboką wdzięczność dla **prof. dr Aidy M. I. El-Zawahry,** profesora Patologii Roślin, Katedry Patologii Roślin, Wydziału Rolnictwa, Uniwersytetu Asiut za zaproponowanie problemu, jego cenny nadzór, zachętę, radę, stałą pomoc i zainteresowanie tą pracą.

To wielki zaszczyt wyrazić moją szczerą wdzięczność i uznanie dla dr **Keinawi M. H. Abd-El-Moneem,** adiunkta patologii roślin na Wydziale Rolnictwa Uniwersytetu Asiut oraz **dr Mohameda I. M. Hassana,** adiunkta genetyki na Wydziale Rolnictwa Uniwersytetu Asiut za ich nadzór, cenne rady, moralne wsparcie i konstruktywną krytykę w trakcie tego badania.

Dziękuję również wszystkim **pracownikom Zakładu Patologii Roślin** za ich życzliwość i pomoc techniczną.

Najgłębsza wdzięczność i uznanie dla moich kochających **rodziców, sióstr, braci** i **przyjaciół** za ich niezliczoną miłość i stałą zachętę.

CONTENTS

SPIS TREŚCI

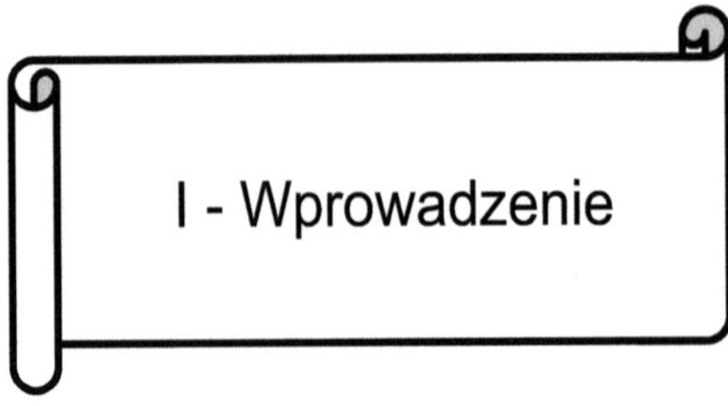
I - Wprowadzenie

I. Wprowadzenie

Granat (*Punica granatum* L.) jest starożytnym owocem należącym do rodziny punicaceae, która obejmuje jeden rodzaj i dwa gatunki. Jest to szeroko uprawiana roślina ogrodnicza w wielu krajach tropikalnych i subtropikalnych. W Egipcie granat uważany jest za jedno z najważniejszych drzew owocowych uprawianych w ciepłych regionach, takich jak prowincja Assiut, gdzie klimat charakteryzuje się długimi upalnymi latami i niską wilgotnością powietrza. Według **statystyk Ministerstwa Rolnictwa (2015),** w Egipcie całkowita powierzchnia przeznaczona na granaty wynosiła 58319 feddanów, a powierzchnia owocująca 27035 feddanów produkujących około 219663 ton, przy średniej 8,125 ton feddanu. W Assiut, całkowita powierzchnia upraw z granatem wynosiła 8866 feddanów, a powierzchnia owocująca 8590 feddanów produkujących około 107376 ton przy średniej 12,50 tony feddanu. Gubernatorstwo Assiut uznawane było za najwyższe w produkcji granatów.

Większość terenów uprawnych granatów na całym świecie została zaatakowana przez nicienie pasożytnicze, takie jak Jordania (**Hashim, 1983**), Libia (**Siddiqui i Khan, 1986**) i Pakistan (**Khan *i in.*, 2005 oraz Khan i Shaukat, 2010**).

Choroba nicieni korzeniowych (RKN) powodowana przez gatunki *Meloidogyne* (obowiązkowy nicień pasożytniczy) występuje w różnych odmianach roślin, uznawanych za żywicieli tego konkretnego nicieni. Ich potencjalny zasięg żywicielstwa obejmuje ponad 3000 gatunków roślin i powoduje duże straty w rolnictwie (**Ralmi *i in.* , 2016**).

Niektóre z drzew granatowych wykazywały objawy silnego spadku. Obejmowały one stunting, słaby wzrost wegetatywny, wysuszanie i defoliację gałęzi oraz żółknięcie liści (często z brązowymi nekrotycznymi końcówkami), jak sugerował **Hashim (1983)**.

Identyfikacja morfologiczna *Meloidogyne* spp. była długo i szeroko stosowana. Jednakże diagonastyka molekularna gatunków *Meloidogyne* była poszukiwana jako substytut lub uzupełnienie tych procedur (**Burrows, 1990; Hyman, 1990; Powers, 1992**).

Nicieniowate mogą być skutecznie zwalczane za pomocą zabiegów chemicznych, ale wiele z tych nicieni jest kosztownych, szkodliwych dla środowiska i zdrowia ludzkiego, więc stosowanie antagonistycznych roślin może być bardzo atrakcyjną alternatywą (**Mukhtar *i in.*, 2013**). Ze względu na obawy związane z ochroną środowiska i zwiększoną liczbę przepisów dotyczących stosowania chemicznych nicieni, obecnie prowadzone są badania nad skuteczniejszymi strategiami zwalczania nicieni korzeniowych (**Noling i Backer, 1994**). Wśród ocenianych czynników kontroli biologicznej znajdują się bakterie antagonistyczne, grzyby nicieniowe i drożdże (**Kiewnick i Sikora, 2005 i Karajeh, 2013**).

Wiele ekstraktów roślinnych wykorzystano do zwalczania nicieni z węzłów korzeniowych, takich jak czosnek (**Agbenin *i in.*, 2005**), granat, rącznik biały (**Korayem *i in.*, 1993**) i ekstrakt z neemu (**Moosavi, 2012**). W ostatnich latach nanocząsteczki używane do zwalczania nicieni korzeniowych, takie jak nanocząsteczki srebra **Ardakani (2013), Cromwell *i in.* (2014) oraz Taha (2016)**.

W związku z tym, celem niniejszej pracy było zbadanie następujących kwestii:

a) Występowanie i zagęszczenie populacji nicieni nitkowatych związanych z sadami granatowymi w guberni Assiut.

b) Identyfikacja nicieni korzeniowych przy użyciu metod morfologicznych i opartych na PCR.

c) Podatność niektórych odmian granatu na nicień korzeniowy (*M. javanica*).

d) Zarządzanie nicieniowcem korzeniowym (*M. javanica*) w warunkach laboratoryjnych i szklarniowych przy użyciu niektórych bio-agentów, ekstraktów roślinnych i nanocząsteczek.

II. Przegląd literatury

II. Przegląd literatury

1- Występowanie i zagęszczenie populacji mątwika korzeniowego związanego z sadami granatowymi:

Hashim (1983) stwierdził, że próbki gleby z nawadnianych sadów granatu (*Punica granatum* L.) w Wadi Dhulail w Jordanii zawierały mniej *Meoidogyne incognita* i *M. javanica.*

Siddiqui i Khan (1986) ujawniły, że *Meloidogyne incognita* i *M. javanica* z dwunastu rodzajów nicieniowatych roślin napotkały powszechne, powszechne i poważnie dotknięte rośliny w szkółkach i sadach granatów w różnych obszarach Libii.

McSorley (1992) stwierdził, że *Meloidogyne incognita* i *M. javanica są szeroko rozpowszechnione* i szkodliwe w sadach granatowych w Indiach, Libii i Jordanii.

Kashaija *et al.* (1994) pobrali 120 próbek korzeni z 24 miejsc w głównych obszarach uprawy bananów w Ugandzie. Stwierdzono, że *Meloidogyne* spp. uważane są za powszechne, chociaż ich rozmieszczenie jest uzależnione od uniesienia.

Khan *et al.* (2005) wskazali, że dwanaście rodzajów nicieni jest powiązanych z sadami granatowymi w prowincji Balochistan, Pakistan, w 18 miejscowościach z ryzosfery. *Meloidogyne incognita* zarejestrowano z sześciu miejscowości, a *M. javanica* tylko z dwóch.

Mokbel *et al.* (2006) zebrali 2100 próbek gleby w ryzosferze z drzew bananowych w celu zidentyfikowania pasożytniczych nicieni roślinnych związanych z niektórymi drzewami owocowymi w gubernatorstwie El-Behera. W próbkach gleby z drzew owocowych znaleziono 20 rodzajów nicienia. w próbkach gleby bananowej najczęściej występowały nicień korzeniowy. Najczęściej występującym nicieniem był *Meloidogyne incognita, którego* *częstość występowania wynosiła* 13,6-76%, a gęstość zaludnienia mieściła się w przedziale 265- 510 nicieni/ 250 g gleby.

LiŠková *i in.* (2007) wspomnieli, że w glebie z sadów brzoskwiniowych, morelowych, śliwkowych i jabłkowych zaobserwowano młode osobniki nicieni korzeniowych, *Meloidogyne hapla. M. hapla* to gatunek *Meloidogyne najczęściej* występujący w krajach europejskich, a także często występujący na Słowacji. *Meloidogyne incognita,* inny ważny gospodarczo gatunek węzłów korzeniowych, został zarejestrowany na Słowacji tylko w warunkach szklarniowych, ale jego obecność mogła być hipotetycznie stwierdzona na otwartym polu, zwłaszcza w ciepłych obszarach.

Tzortzakakis (2008) poinformował, że systemy bananów zainfekowanych przez nicienie z węzłami korzeniowymi były mocno zamurowane z galaretkami na wierzchołkach korzeni.

Khan i Abu Hasan (2010) stwierdzili, że *Meloidogyne incognita* i *M. javanica* były związane z plantacjami bananów w różnych okręgach uprawy bananów w Zachodnim Bengalu (Indie).

Khan i Shaukat (2010) przeprowadzili badanie fitonematodów związanych z granatem w 12 miejscowościach w prowincji Balochistan w Pakistanie. Nagrali dwanaście rodzajów z granatowej ryzosfery. Najbardziej dominującym gatunkiem był *Meloidogyne incognita,* gdzie odnotowano go z siedmiu stanowisk, natomiast *M. javanica* stwierdzono w trzech stanowiskach.

Lima *i wsp.* (2013) badali występowanie fitopasożytniczych nicienia na niektórych obszarach produkcji bananów w stanie Alagoas w Brazylii w celu uzyskania informacji ilościowych na temat częstotliwości występowania i zagęszczenia populacji tych pasożytów. Gatunki nicieni korzeniowych występowały w 100% próbek korzeniowych pobranych z sześciu z 13 gmin. *Meloidogyne* spp. występowały w 100% próbek gleby z ośmiu gmin, a średni odsetek próbek dodatnich wynosił około 81%.

Abdul Rahman *et al.* **(2014)** badał rozmieszczenie populacji nicieni na plantacjach bananów na Półwyspie Malajskim. Stwierdzono, że *M. incognita występuje z* największą częstotliwością, 50,79% przy średniej gęstości zaludnienia 215,2/5g korzeni.

Korayem *et al.* **(2014)** badali, że rozmieszczenie i rozprzestrzenianie się pasożytniczych nicieni roślinnych w trzech wioskach gubernatorstwa Północnego Synaju i Sahl El-Teina w latach 2013-2014 związane z warzywami i uprawami polowymi, drzewami owocowymi oprócz niektórych roślin ozdobnych i chwastów. Dane wykazały obecność czternastu rodzajów i gatunków pasożytniczych nicieni roślinnych. W próbkach pobranych od Sahl El-Teina, Beer El-Abd i El-Sheikh Zowaiid częściej występowały *Meloidogyne* spp. z częstotliwością procentową wynoszącą odpowiednio 27,6, 48,1 i 33,3%.

2- Identyfikacja nicieni korzeniowych w oparciu o metody morfologiczne i molekularne:

Eisenback *i wsp.* **(1980)** zaobserwowali wzorzec krocza dziewięciu populacji nicieni korzeniowych (trzy populacje każdej z dwóch ras cytologicznych *M. hapla* i pojedyncze populacje *M. arenaria, M. incognita* i *M. javanica*) za pomocą mikroskopu świetlnego (LM), a następnie badali je za pomocą skaningowego mikroskopu elektronowego (SEM). Morfologia danego wzoru krocza wyglądała podobnie w przypadku SEM i LM.

Morfologia wzorców krocza w tylnym rejonie ciała żeńskich nicienia korzeniowego uważana jest za jedną z najbardziej wiarygodnych cech wyróżniających gatunki *Meloidogyne.* Mikroskopia świetlna szeroko wykorzystywana do obserwacji tej postaci. Kilka ostatnich opisów gatunków *Meloidogyne wykazało*, że kuturowe cechy powierzchni wzorów podkreślone i lepiej rozwiązane przez skaningowy mikroskop elektronowy (SEM) (**Abrantes i Santos, 1989**).

Burrows (1990) stwierdził, że identyfikacja fitopasożytniczych nicieni ma zasadnicze znaczenie dla wielu aspektów ich skutecznej kontroli i zarządzania. Większość cech morfologicznych wykorzystywanych do oddzielania gatunków nicieni wykazuje znaczne i niespójne zróżnicowanie, co w najlepszym przypadku utrudnia interpretację wyników, a w najgorszym - spekulacyjną. Biologia molekularna oferuje szereg nowych, ekscytujących podejść do identyfikacji nicieni.

Reakcja łańcuchowa polimerazy (PCR) jest bardzo czułą metodą amplifikacji i identyfikacji DNA. W tym względzie **Harris *i wsp.* (1990)** wykorzystali PCR do amplifikacji mitochondrialnego DNA (mtDNA) z poszczególnych *Meloidoginów* J2 i jaj. Ponadto **Powers i Harris (1993)** poinformowali o mplifikacji protokołu, jego molekularnej podstawy i przydatności w identyfikacji czterech głównych gatunków *meloidoginów*.

W ciągu ostatnich lat opracowano różne analizy molekularne i metody wykrywania oparte na PCR. Na przykład polimorfizm amplifikowanej długości fragmentu (AFLP), random amplified polymorphic DNA (RAPD), simple sequence repeat (SSR) i związany z sekwencją amplified polymorphism (SRAP), inter-simple sequence repeat (ISSR), sequence tagged sit (STS) i sequence characterized amplification region (SCAR), są powszechnie stosowane w analizie genomowej **(Jones *i in.*, 2009).**

Tomaszewski *i wsp.* (1994) zidentyfikowali czternaście populacji *M. javanica* otrzymanych z pól orzechów ziemnych w czterech gubernatorach Egiptu na podstawie wzorców krocza i polimorfizmów długości fragmentów restrykcyjnych mtDNA.

Hyman i Whipple (1996) wykorzystali analizę RFLP, RAPD, AFLP i sekwencji DNA do opisania populacji kilku fitonematodów, w tym norek, węzłów korzeniowych i nicienia torbielowego. Ocenili oni przydatność mitochondrialnego locusu DNA o zmiennym rozmiarze do badania struktury genetycznej izolatów *Meloidogyne przy* użyciu dwóch alternatywnych metod, analizy tandemowej zmiennej liczby powtórzeń (VNTR) i polimorfizmu związanego z powtórzeniem (RAP).

Carneiro ***et al.*** **(2004)** zauważyli, że wzorzec krocza jest często nierzetelnym charakterem, gdy stosuje się go samodzielnie do wyciągania wniosków diagnostycznych, ale gdy stosuje się go jako narzędzie uzupełniające wraz z charakterystyką enzymu, jest on niezbędny do sprawdzenia morfologicznej spójności identyfikacji.

Cofcewicz ***i wsp.*** **(2005)** zebrali 96 izolatów gatunków *Meloidogyne* z pól bananowych z Martyniki, Gwadelupy i Gujany Francuskiej i zidentyfikowali je przy użyciu fenotypów esterazy (Est) i dehydrogenazy jabłkowej (Mdh). Dorosłe samice zidentyfikowane jako gatunki *Meloidogyne arenaria, M. incognita, M. javanica, M. cruciani, M. hispanica* i *Meloidogyne* wykazywały fenotypy gatunkowe tylko dla enzymów Est. Intraspecyficzna zmienność wśród izolatów *M. arenaria, M. incognita* i *M. javanica* wykryta przy użyciu Est i Mdh.

Powers ***i wsp.*** **(2005)** zidentyfikowali młode osobniki z grupy *Meloidogyne na podstawie* mitochondriów i rybosomów 18s. Znaleźli oni osiemdziesiąt dwie sekwencje DNA reprezentujące dwa regiony markerowe dla gatunków *Meloidogyne* i przekazali je do Banku Genów, aby ułatwić ocenę zmienności markerowej. Wystarczająca zmienność 18s zaobserwowana wśród niektórych gatunków *meloidoginów,* aby pomóc w identyfikacji, jednak sekwencja nukleotydów z tego wysoce zachowawczego regionu 18s nie dyskryminowała wśród *M. arenaria, M. incognita* i *M. javanica.* Region genów mitochondrialnych zapewnił większą dyskryminację gatunkową i ujawnił wewnątrzswoiste zróżnicowanie wśród wielu izolatów.

Devran i Söğüt (2009) użyły specyficznych dla danego gatunku podkładów do identyfikacji i opisu populacji *Meloidogyne.* Badania wykazały, że SEC-1F/SEC-1R i INCK14F-INCK14R do identyfikacji primerów *M. incognita,* Fjav/Rjav i DJF/DJR dla *M. javanica* i Far/Rar dla *M.arenaria.*

Naz *et al.* (2012) zidentyfikowali nicieniowate jądra pomidora za pomocą narzędzi molekularnych. Amplifikacja DNA za pomocą rDNA (D2A-D3B) i (194-195) primerów wzmocniła produkty 750 i 720 bp odpowiednio dla *M. arenaria, M. incognita* i *M. javanica.* Podkłady SCAR (ang. Amplification with sequence characterized amplified regions) wytwarzały charakterystyczne produkty o wartości 420 bp dla *M. arenaria* (Far/Rar), 1200 bp dla *M. incognita* (Finc/Rinc) i 670 bp dla *M. javanica* (Fjav/Rjav).

Akyazi i felek (2013) zidentyfikowali nicienie z nici korzeniowych w zainfekowanych próbkach korzeni kiwi pobranych z 17 sadów kiwi w prowincji Ordu w Turk metodą PCR (Polymerase Chain Reaction). Samice uzyskane bezpośrednio z zakażonych korzeni i populacji wykorzystywanych do identyfikacji molekularnej. Przeprowadzono ją za pomocą klucza identyfikacyjnego, wykorzystując markery rybosomalnego regionu DNA (rDNA), regionu Intergenic Spacer (IGS-2) pomiędzy genami 5s-18s oraz specyficzne dla danego gatunku markery Sequence Characterized Amplified Region (SCAR). Stwierdzono, że wszystkie próbki z okręgów prowincji Ordu zostały zidentyfikowane jako *Meloidogyne incognita na podstawie* dokładnej wielkości 502 amplikonów bp za pomocą starterów blizny SEC1F/SEC1R.

Hassan *i wsp.* (2013) opisali, że cechy morfologiczne niezwykłej populacji *Meloidogyne* spp., występującej na owocach kiwi w Chinach. Opracowali oni prosty protokół badań PCR do wykrywania gatunków nicieni korzeniowych, *M. arenaria, M. javanica, M. incgnita* i *M. hapla* pozyskanych z gleby.

Lima *i wsp.,* (2013) zidentyfikowali trzy gatunki nicieni z rodziny *Meloidogyne incognita, M. javanica* i *M. arenaria na podstawie* wzorów krocza.

Naz *i wsp.* (2013) zidentyfikowali gatunek nicieni korzeniowych w Pakistanie za pomocą losowo amplifikowanego polimorficznego DNA (RAPD-PCR) przy użyciu trzech primerów RAPD, SC10-30, OPG-13 i OPG-19. Stwierdzono, że łączna liczba amplifikowanych polimorficznych fragmentów DNA wynosiła odpowiednio 97, 342 i 48 bp dla *M. incognita, M. javanica* i *M. arenaria.*

Daramola *i wsp.* (2015) badali, że gatunki nicieni identyfikują i liczą pod mikroskopem złożonym. Charakterystyki molekularnej gatunków *meloidoginów dokonano za* pomocą pojedynczych dorosłych samic nicieni i jajeczek, które pobrano do ekstrakcji DNA i wzmocniono gatunkowymi starterami za pomocą reakcji łańcuchowej polimerazy (PCR) i rozdzielono na 0,5% żelu agarozowym. Charakterystyka molekularna gatunku *Meloidogyne* wskazuje na *Meloidogyne incognita* jako gatunek nicieni związany z uprawą warzyw.

Mwesige *i in.* (2016) wykorzystali wzory krocza i diagnostykę molekularną w celu zidentyfikowania trzech najczęstszych gatunków *Meloidogyne* zarażających rośliny pomidora w Ugandzie. Wyniki wykazały, że najczęstsze były M. *javanica,* następnie *M. arenaria* i *M. incognita.* Wzory krocza *M. javanica* zostały zaokrąglone do spłaszczonego łuku grzbietowego i wyraźnych linii bocznych, które wyraźnie oddzielały grzbietowe i środkowe rejony wzorów. PCR ze specyficznym podkładem SCAR Fjav/Rjav wytworzył 670 bp *M. javanica.*

3- Podatność niektórych odmian granatów na nicieniowanie korzeni:

Wysoce wrażliwe rośliny żywicielskie poprawiły rozmieszczenie *Meloidogyne* spp., podczas gdy mniej wrażliwe hamują ich rozwój, a także ograniczyły ich rozmieszczenie **(Ralmi *i in.* 2016)**.

Shelke i Darekar (2000) ocenili odporność 35 genotypów granatu na nicień-korzeń, *Meloidogyne incognita* rasy 2 w warunkach szklarniowych. 35 genotypów granatu posadzono oddzielnie w 15-centymetrowych glinianych doniczkach i zaszczepiono 1000 świeżo wyklutych larw *M. incognita* w 2 tygodnie po przesadzeniu. Dane dotyczące średniej liczby galonów i średniego indeksu galonów zostały zarejestrowane 100 dni później. Żaden z 35 genotypów granatu nie był odporny na *M. incognita,* tylko 7 genotypów, tj. Achik Dana, Alandi, Beseka Linsk, Jabesto, Kabul (IIHR), Kazaki Anar i Siah Shirin, było umiarkowanie odpornych.

4- Zarządzanie nicieniami korzeniowymi:

4-1- Bioagenty:

Carneiro i Cayrol (1991) badali wpływ pięciu dawek (0,01, 0,1, 1, 10 i 100 g/m2) produktu handlowego *Paecilomyces lilacinus* wyizolowanego z jaj *Meloidogyne incognita* na zastosowanie w preparacie w proszku (^{1011} zarodników/g produktu) w eksperymencie z doniczkami szklarniowymi przeciwko dużym zakażeniom *meloidogyne arenaria.* Wyniki wykazały, że liczba rozmnożenia grzybów w glebie korelowała z zastosowaną dawką początkową i zmniejszała się stopniowo w miarę upływu czasu wraz ze wzrostem dawki. Grzyb w ilości 10 i 100g zarodników/m2 w drugim i trzecim pokoleniu nicieni znacząco zmniejszył populację *M. arenaria.* Liczba skolonizowanych mas jajecznych i liczba jaj niezdolnych do życia wzrastała wraz z inokulum grzybów, a grzyb był najbardziej efektywny przy gęstości ^{106} zarodników/g gleby. W najwyższym poziomie kontroli (100% skolonizowanych mas jajecznych) tylko 50% jaj było pasożytami.

Siddiqui i Mahmood (1999) stwierdzili, że antagonistyczne bakterie *Pasteuria penetrują, Agrobacterium, Alcaligenes, Bacillus, clostridium, Desulfovibrio, Pseudomonas, Serratia* i *Streptomyces* niszczą nicienie przez ich pasożytnicze zachowanie. Ograniczyły one populacje nicieni poprzez kolonizację ryzosfery rośliny żywicielskiej.

Jonathan *i wsp.* (2000) przeprowadzili doświadczenia szklarniowe w celu określenia skuteczności kłączy, (*Bacillus cereus, B. subtilis, B. sphaericus, Agrobacterium radiobacter, Pseudomonas fluorescens, P. Chlororaphis* i *Burkholderia cepacia*), niecharakteryzowane aktynomiocyty (szczep 29 i 45) oraz pasożytnicze bakterie nicieni *Pasteuria penetrans* (izolat 100) przeciwko *M. incognita* race 1 na bananie. Wszystkie bakterie i aktynomiozycety wzmacniały wzrost w porównaniu z roślinami kontrolnymi. Bakterie ograniczyły również rozmnażanie się *M. incognita* na bananie z czynnikiem rozrodczym (RF).

Siddiqui *i wsp.* (2001) badali wpływ dwóch szczepów *fluorescencyjnych Pseudomonas* (GRP3 i PRS9), obornika organicznego i nawozów nieorganicznych (mocznika, fosforanu diamonowego (DAP), mirtuatu potasu i fosforanu monowapniowego) samodzielnie i w połączeniu na namnażanie *Meloidogyne incognita* i wzrost pomidora. Wyniki wykazały, że *P. fluorescencyjne* GRP3 uważały, że lepiej niż PRS9 poprawiają wzrost pomidorów i zmniejszają powstawanie otarć i namnażanie nicieni. *P. fluorescens* GRP3 z obornikiem organicznym uważanym za najlepszą kombinację do zarządzania *M. incognita* na pomidorze, ale ulepszone zarządzanie *M. incognita może* być również uzyskane, jeżeli DAP jest używany ze szczepem *P. fluorescens* GRP3.

Noweer i Hasabo (2005) kontrolowali *M. incognita* infekującą squash (*Cucurbita pepo* var *melopepo*) w warunkach polowych przez Agerin (handlowy skład bakterii, *Bacillus thuringiensis*), Nemaless (produkt bakterii, *Serratia marcescens*), Nile fertile (produkt zawiera bakterię siarkową) i Yeast (produkt zawiera komórki *Saccharomyces cerevisiae*) stosowane pojedynczo lub w różnych kombinacjach. Połączone zabiegi były bardziej skuteczne w zmniejszaniu liczby osobników młodocianych w drugim stadium tworzenia się żółci w glebie i korzeniach niż pojedyncze zabiegi. Również testowane materiały poprawiły wydajność owoców w porównaniu z kontrolą bez poddania ich obróbce.

Luo *i wsp.* (2006) zebrali dwadzieścia aktynomiocytów z jaj nicieni korzeniowych i samic 11 próbek korzeni roślin porażonych przez *Meloidogyne* spp. Potencjał biokontroli izolatów oceniano w hodowli płynnej przeciwko *M. hapla In vitro*. Średnie procenty pasożytnictwa jajecznego, wylęgu jaj i śmiertelności młodocianych wynosiły odpowiednio 54.1, 40.4 i 26.2. Wybrano trzy szczepy Streptomyces i jeden szczep Nocardia o wysokiej patogenności *in vitro w* celu określenia ich zdolności do redukcji galaretek korzeni pomidora w szklarni. Wyniki wykazały dobrą skuteczność biokontroli (31,4% - 56,4%) szczepów.

Sun ***et al.*** **(2006)** przeprowadzili badanie w celu określenia mikroflory na jajach i samicach *Meloidogyne* spp. zebranych z korzeni roślin i zaatakowanej gleby w Chinach. Łącznie otrzymano 455 izolatów grzybów należących do 24 rodzajów i 52 izolaty aktynomiocetów z 28 próbek ze szklarni i pól w Hainan, Yunnan, Fujian, Hebei, Shandong i Pekinie. Dominującymi gatunkami grzybów były *Paecilomyces lilacinus* (49,3%), *Fusarium* spp. (7,9%), *Pochonia chlamydosporia* (6,9%), *Penicillium* spp. (5,7%), *Aspergillus* spp. (3,2%) i *Acremonium* spp. (2,8%). Często spotykane były również aktynomiocyty (10,3%). Ogółem oceniono 350 izolatów grzybów nicieniowych i aktynomiocytów pod kątem ich pasożytnictwa jaj oraz wpływu na wylęg jaj i śmiertelność młodych ludzi *in vitro*. Patogeniczność była zróżnicowana wśród izolatów, a 29,1% izolatów pasożytowało ponad 90% jaj 4 dni po zaszczepieniu. Wyniki wykazały również, że siedem izolatów grzybów i aktynomiocytów zmniejszyło wskaźnik wylęgu jaj do mniej niż 10%, w przeciwieństwie do kontroli 65,8%, a trzy izolaty zabiły wszystkie wylężone młode osobniki po 7 dniach. Do badania skuteczności biokontroli w szklarni wybrano siedemnaście izolatów grzybów i cztery izolaty aktynomiocetów o wysokiej patogenności *in vitro*. Zmniejszyły one wskaźnik galaretowatości pomidorów o 13,4- 58,9% w porównaniu z kontrolą bez obróbki.

Giannakou ***i wsp.*** **(2007)** ocenili skuteczność preparatu bio-nematicydowego zawierającego liofilizowane zarodniki bakterii *Bacillus firmus* przeciwko nicieniom korzeniowym (RKN) w doświadczeniach szklarniowych i polowych. Użycie bio-nematicidu w dawce 0,9 g/kg gleby spowodowało zmniejszenie się ilości wylęgających się z jaj młodocianych z drugiego stadium, a dwukrotne zwiększenie dawki spowodowało dalszy spadek. Śmiertelność spadła jednak wraz ze wzrostem poziomu inokulum. Narażenie młodocianych w drugim stadium lub mas jajecznych na działanie temperatury 35-40°C przez 1-4 tygodnie miało wpływ na ich przetrwanie na rynku.

Abo-Elyousr ***i wsp.*** **(2010)** badali zawiesinę bakteryjną *Pseudomonas fluorescens* i *P. aeruginosa* przeciwko *Meloidogyne incognita* na pomidorach w warunkach laboratoryjnych, doniczkowych i polowych. W warunkach laboratoryjnych, *P. fluorescencyjne* i *P. aeruginosa* zmniejszyły mobilność J2 odpowiednio o 48 i 50% w 24-godzinnej ekspozycji. Wpływ wszystkich zabiegów na mobilność J2 utrzymywał się wraz ze wzrostem czasu ekspozycji. W doświadczeniach w doniczkach zmniejszyły one zatrucie korzeni o 57 i 61% sześćdziesiąt dni po inokulacji. W doświadczeniach polowych, wyniki wykazały, że maksymalny wzrost roślin i plon owoców uzyskano z roślin poddanych działaniu bakterii, obie odmiany zmniejszyły ścieranie korzeni o 46-49% i zwiększyły plon owoców o 66%.

El-Hadad ***et al.*** **(2010)** ocenili, że trzydzieści pięć hodowli szybko rosnących bakterii wiążących azot (NFB), bakterii rozpuszczających fosforany (PSB) i potas (KSB) oraz ich filtraty kulturowe jako środki biokontroli *in vitro* przeciwko młodocianemu osobnikowi drugiego stadium (J2s) *M. incognita*. Ogólnie rzecz biorąc, kultury bakteryjne odnotowały wyższy odsetek śmiertelności nicieni niż ich porównawcze filtraty kulturowe. Hodowle NFB7, PSB2 i KSB2 odnotowały najwyższe wartości procentowe śmiertelności (100% w rozcieńczeniu 1/10), natomiast odpowiednio 99,3, 99 i 97,8% w rozcieńczeniu

1/100. Trzy izolaty bakteryjne NFB7, PSB2 i KSB2 zidentyfikowano odpowiednio jako *Paenibacillus polymyxa, Bacillus megaterium* i *Bacillus circulans.*

Ruanpanun *i wsp.* (2010) wyizolowali osiemdziesiąt trzy izolaty aktynomiocytów, a 67 izolatów grzybów z dwudziestu trzech gleb, na których występują pasożytnicze nicieniowate rośliny, pobrano z niektórych prowincji w północnej i środkowej Tajlandii. Wszystkie aktynomiozycety i izolaty grzybów zostały poddane wstępnym badaniom przesiewowym *in vitro pod* kątem ich wpływu na wylęganie się jaj i śmiertelność młodych osobników *M. incognita.* Wtórne badania przesiewowe oceniano pod kątem działania antagonistycznego na grzyby patogenne roślin, pobierane z roślin porażonych nicieniowcami, roślinny hormon wzrostu (indol-3-kwas octowy: IAA) oraz produkcję boczniaka. Z badań pierwotnych, 7 aktynomiocytów i 10 izolatów grzybów zmniejszyło wylęg jaj i zabiło młode osobniki *M. incognita* po 7 dniach inkubacji. Jako potencjalny czynnik biokontroli wybrano *Streptomyces* sp. CMU-MH021. Zmniejszyła ona wskaźnik wylęgu jaj do 33,1% i zwiększyła śmiertelność młodych ludzi do 82%, w przeciwieństwie do kontroli odpowiednio 79,6 i 3,6%.

Chou i Chen (2011 r.) oceniły możliwość zastosowania *Streptomyces* spp. do zwalczania nicieni z korzeniami guawy. W trasach polowych wyniki wykazały, że nicień został wytłumiony przez *Streptomyces saraceticus* kh400. Zwłaszcza zagęszczenie larw 2. stadium początkowego uległo drastycznemu zmniejszeniu wraz z comiesięcznym stosowaniem zmian w glebie.

Mervat *i wsp.* (2012) przeprowadzili to doświadczenie polowe w celu zwalczania nicieni z węzłów korzeniowych, *Meloidogyne incognita* infekującego sadzonki winorośli Thompsona za pomocą bioagenta *Trichoderma harzianum* w porównaniu z oksamylem (24%EC). Wszystkie zabiegi znacząco zmniejszają liczebność populacji i gromadzenie się *M. incognita* zarówno w glebie, jak i w korzeniach, zwłaszcza po 3 miesiącach od momentu zastosowania.

Radwan ***i in.*** **(2012)** ocenili potencjał nicieniowy czterech komercyjnych bioproduktów Bioarc□ (*Bacillus megaterium*), Biozeid□ (*Trichoderma album*) i Roślin Gard□ (*Trichoderma harzianum*) w porównaniu z nicieniem korzeniowym, *Meloidogyne incognita* infekującym pomidora w szklarni w porównaniu z oksamylem lub karbofuranem. Bioprodukty, *B. megaterium* w ilości 10g/kg gleby, osiągnęły największy znaczący spadek liczby wykruszeń korzeni (89,20%), następnie *T. album* (87,77%) i *T. harzianum* (69,79%). Najwyższy wskaźnik badanych bioproduktów dawał największą redukcję galaretowatości i znacznie wyższą, oksamylu lub karbofuranu. Ponadto, wszystkie produkty, które okazały się wysoce skuteczne w redukcji J2 i spowodowały ponad 97% redukcję gleby. Skuteczność badanych bioproduktów w redukcji galaretki korzeniowej i J2 w glebie wzrosła w sposób zależny od dawki.

Karajeh (2013) wspomniał, że *Saccharomyces cerevisiae to obiecujące drożdże* sprzyjające wzrostowi roślin dla różnych upraw. Zbadano możliwość zastosowania *S. cerevisiae* jako czynnika biokontroli nicieni korzeniowych (*M. javanica*) na ogórku w warunkach polowych i w pomieszczeniu wzrostu. Drożdże *S. cerevisiae* podobne do nicieniowców (etoprofosów) stosowane jako środek do przemaczania gleby w warunkach ryzosferycznych doprowadziły do wyraźnego zmniejszenia ścierania się korzeni spowodowanego przez *M. javanica* i spowodowały zmniejszenie zdolności reprodukcyjnej nicieni na ogórku w warunkach pokojowych i polowych.

Zakaria ***i wsp.*** **(2013)** ocenili, że skuteczność niektórych bioagentów jako pojedynczej lub połączonej terapii w zwalczaniu nicieni korzeniowych, *Meloidogyne incognita* infekującego ogórki w symulowanych warunkach polowych. Stwierdzili oni, że każdy z grzybów *Verticillium chlamydosporium* i symbiotyczna bakteria *Photorhabdus luminescens,* jako pojedyncze lub łączne leczenie znacznie ograniczyło tworzenie się żółci i inne kryteria na korzeniach ogórka.

Mokbel i Alharbi (2014) ocenili, że skuteczność różnych rodzajów bakterii i grzybów przeciwko *M. javanica* w warunkach laboratoryjnych i szklarniowych. Leczenie *Bacillus subtilis, B. thuringiensis, Pseudomonas fluorescens* i *Serratia marcescens* każde z osobna lub w mieszaninie powodowało 50,5-90,3% zahamowanie wylęgu jaj *M. javanica* i aktywności drugiego stopnia u młodych osobników i wykazało 56,5- 86,8% zmniejszenie liczby kul korzeniowych nicieni, systemu jajowo-korzeniowego, liczby J2 /250 g gleby. Zabiegi z użyciem *Arthrbotrys conoides, A. oligospora, Paecilomyces lilacinus* i *Saccharomyces cerevisiae* spowodowały znaczne zmniejszenie (69,5-89,5%) liczby galaretek korzeni nicieni, masy jajowej/systemu korzeniowego oraz liczby J2/250 g gleby.

Rajeswari i Ramakrishnan (2015) ocenili, że potencjał biokontroli zoptymalizowanych filtrów hodowlanych *Streptomyces fradiae* przeciwko nicieniowi korzeniowemu (*M. incognita*) w pomidorze jest optymalny. Filtrat z hodowli na zoptymalizowanym podłożu *S. fradiae* powodował większe zahamowanie wylęgu jaj i śmiertelność młodych osobników *M. incognita.* Skuteczność zoptymalizowanego podłoża *S. fradiae* wobec *M. incognita związana była z* większą produkcją wtórnych metabolitów po maksymalizacji kolonizacji.

Helal *i in.* (2016) badali skuteczność 23 szczepów aktynomiocytów wyizolowanych z różnych skrajnych biotopów egipskich i ich wtórnych metabolitów jako czynników biokontroli nicieni korzeniowych (*Meloidogyne incognita*). Filtry z hodowli aktynomiocytów wykazywały zmienną odpowiedź na wyklucie się z jaj i śmiertelność nicieni korzeniowych. Następnie skuteczność różnych stężeń wysuszonych izolatów przesączu (100, 50, 25 i 12,5 mg/ml) wykazywała najwyższą śmiertelność larwalną (100, 82,9 i 76%) oraz największe zahamowanie wylęgania się ikry (96,6, 84,1 i 87,5%) dla izolatów SET-6, SWW-19 i SNQR-9, odpowiednio przy najwyższym zastosowanym stężeniu (100%).

4-2- Wyciągi roślinne:

Korayem *et al.* (1993) badali wpływ wodnych ekstraktów roślinnych *Citrullus colosynthis, Punica granatum, Ricinus communis, Artemisia absinthium* i *Thymus vulgaris* na aktywność *Meloidogyne incognita*. Stwierdzili oni, że zahamowanie motoryki nicieni przypisuje się okresowi narażenia i stężeniu ekstraktu. Narażenie na działanie roztworu wzorcowego (S) ekstraktu *P. granatum, T. vulgaris* i *A. absinthium* przez 72 h zmniejszyło liczbę aktywnych o 100% dla *M. incognita*. Ekspozycja na rozcieńczenia S/2 przez 72 h zmniejszyła ruchliwość nicieni o 100%, 77,3 i 72,7% dla *M. incognita*. W przypadku *M. incognita* ekspozycja na ekstrakty S i S/2 *C. colosynthis* i *R. communis* zmniejszyła ruchliwość nicieni o mniej niż 32%. Ekspozycja na wyciągi S z *P. granatum* i *T. vulgaris* przez 30 dni ograniczyła wylęganie się *M. incognita z jaj* o 100% i 98,7% w przypadku rozcieńczenia S/2. Również 98,7% redukcję wylęgu jaj uzyskał S z *A. absinthium*. Ekstrakty *C. colosynthis* i *R. communis* dawały mniej zahamowań wylęgania się jaj.

Agbenin *et al.* (2005) wykazali, że ekstrakty z liści neemu i cebulki czosnku hamowały wylęganie się mas jajecznych i zabójcze dla larw. Ekstrakty te znacząco obniżyły wskaźniki infekcji korzeni i nici na pomidorze w porównaniu z kontrolą. Jednakże wyciąg z czosnku wykazał większy potencjał niż wyciąg z liści neemu w zwalczaniu infekcji nici korzeniowych pomidora *in vivo*.

Neves *et al.* (2005) ocenili, że aktywność ekstraktów czosnku (*Allium sativum*), musztardy (*Brassica campestris*) i papryki chili (*Capsicum frutescens*), oleju gorczycowego na jajach *M. javanica*. Ekstrakty z pieprzu i czosnku nie miały wpływu na wylęganie się jaj *M. javanica*. Ekstrakt z gorczycy został dotknięty wylęganiem się jaj o 47% mniej niż w przypadku zabiegu kontrolnego. Olej gorczycowy w najniższym stężeniu (5%) zmniejszył wylęg jaj o 90%.

Abo-Elyousr *i wsp.* (2010) zbadali, że świeże wyciągi z liści neemu (*Azadirachta indica*), czosnku (*Allium sativum*) i nagietka lekarskiego (*Tagetes erecta*) przeciwko *Meloidogyne incognita w* warunkach laboratoryjnych, szklarniowych i polowych. Stwierdzono, że wszystkie zabiegi unieruchomiły J2 z najwyższym efektem wywołanym przez ekstrakt z liści neemu po 24 i 48 godzinach w warunkach laboratoryjnych. W glebie wszystkie zabiegi znacznie zmniejszyły ścieranie się korzeni, populację nicieni oraz poprawiły wzrost i plonowanie roślin. Czosnek wykazał się najlepszą kontrolą redukując kiełki korzeniowe o 57% w doniczkach pod szklarnią i 33% w warunkach polowych oraz zwiększając plon owoców o 47%.

Adegbite (2011) stwierdził, że *Azadirachta indica* (neem), *Chromolaena odorata (chwast* syjamski), *Nicotiana tabacum* (tytoń), *Carica papaya* (łapka), *Cannabis sativa* (konopie), *Cassia alata* (asunwon) i *Vernonia amygdalina* (liść gorzki) były skutecznymi inhibitorami wylęgania się jaj nicieni z korzeniami (*M.). incognita* race 2) w stężeniu 2,5% w/v (250g/ 10 litrów wody), podczas gdy pozostałe były dobrymi inhibitorami wylęgu jaj rasy *M.* incognita2.

Moosavi (2012) badał wpływ niektórych proszków ziołowych (neem, azjatyckie jabłko cierniowe, oliwka, jaskrawy oset gwiazdkowy, oleander i stokrotka koronowa) oraz ich wodnych ekstraktów na *M. javanica in vivo* i *in vitro*. Proszki ziołowe i ich ekstrakty wodne zwiększyły wzrost roślin i zmniejszyły tempo infekcji *in vivo*, spowodowały śmiertelność J2s i zamieszkałych jaj wylęgowych *in vitro*.

Tibugari *i wsp.* (2012) stosowali wodne ekstrakty z liści i kwiatów nagietka lekarskiego (Tagetes erecta), fasoli wielokwiatowej (Ricinus communis) i czosnku (Allium sativum) do zwalczania nicieniowatych korzeni

(*M. javanica*) na pomidorach w warunkach szklarniowych. Pomidor jest podatny na zarażenie RKN (M. javanica), a zastosowanie każdego wyciągu wodnego znacząco ($P < 0{,}001$) kontroluje RKN poprzez zmniejszenie porażenia i rozmnażania.

Chedekal (2013) badał wpływ ekstraktów wodnych ze świeżych liści *Calotropis procera, Azadirachta indica, Clerodendrum* i *Lantana camara* na masę jajową wylęgową i młodzież drugiego stopnia *M. incognita.* Wszystkie ekstrakty redukowały wylęg masy jajowej, podczas gdy najwięcej w *C. procera* (99,83%), a najmniej w *L. camara* (77,88%). Większość śmiertelności młodocianych w II stadium zaobserwowano w ekstraktach z liści *A. indica* (90,17%), a najmniej w *C. procera* (60,33%).

El-Nagdi i Youssef (2013) stosowali wodne ekstrakty z nasion czosnku (*A. sativum*) i rącznika zwyczajnego (*Ricinus communis*) w rozcieńczeniu stojakowym (s) i (s/2) do zwalczania nicieni korzeniowych, *M. incognita* na pomidorze cv. Super odmiana B w warunkach szklarniowych. Ekstrakty botaniczne znacznie zmniejszyły liczbę galaretek i mas jajecznych na korzeniach pomidora oraz liczbę J2 w korzeniach i glebie.

Youssef i Lashein (2013) badali, że niektóre sieczkowane lecznicze zielone i suche liście roślin oraz ich ekstrakty wodne do zwalczania nicieni sadzonek, *M. incognita* infekujących bakłażana. Badanymi roślinami były neem (*A. indica*), datura (*Datura* spp.), kamfora (*Eucalyptus* spp.) i oleander (*N. oleander*). Wszystkie zabiegi istotnie ($p \leq 0{,}05$) obniżyły kryteria występowania nicieni w korzeniach bakłażana, o czym świadczy liczba odprysków, masy jajowej, samic i stadiów rozwojowych oraz ich redukcja różniły się w zależności od zabiegu. Większość parametrów wzrostu roślin została zwiększona przez niektóre zabiegi.

Taye *i wsp.* (2013) ocenili, że potencjał nicieniowy drzewa piekarskiego (*Milletia ferruginea*), liścia gorzkiego (*Vernonia amygdalina*), parthenu

(*Parthenium hysterophorus*), lantany (*L. camara*), nagietek meksykański (*T. minuta*), meksykańska herbata (*Chenopodium ambrosioides*), neem (*A. indica*) i pyrethrum (*Chrysanthemum cinerariafolium*) przeciwko *M. incognita* na pomidorze w laboratorium i garnkarni. Większość wyciągów spowodowała wysoki stopień redukcji wylęgu młodych osobników w laboratorium. Najskuteczniejsze były liść nagietka meksykańskiego, liść gorzkiego, liść lantany i nasiona drzewa piekarskiego (ponad 95% inhibicji wylęgania). W szklarni stosowanie botaniczne ograniczyło powstawanie galaretek, liczbę jajek/masy żeber i zagęszczenie populacji nicieni w glebie oraz zwiększyło wysokość roślin pomidora.

El-Nagdi *i wsp.* (2014) zastosowali wodne wyciągi z czosnku (*A. sativum*) puree i olejek przeciwko nicieniowi korzeniowemu, *M. incognita* infekującemu bakłażan w warunkach szklarniowych. Wyniki wykazały, że badane ekstrakty roślinne wykazywały aktywność hamującą wylęganie się nicieni i nicieni redukującą kryteria nicieni, w tym liczbę galaretek, mas jajecznych i wyklutych młodych osobników na korzeniach bakłażana i w glebie w fazie zbioru, w porównaniu z roślinami nie poddanymi zabiegowi ($p \leq 0,05$).

Lily *et al.* (2015) ocenili, że wodny wyciąg z liści roślin drzew i krzewów rosnących obficie w Radżastanie, *in vitro* i *in vivo* przeciwko *M. incognita*. Zahamowanie wylęgu jaj *M. incognita* z różnymi ekstraktami z liści roślin w dekretnym porządku było następujące: *Aegle marmelos*> *Prosopis cineraria*> *Nerium oleander*> *Clerodendron aculeatum*> *Bougainvillea spectabilis*> *Lantana camara*> *Wtthania somnifera*> *Thevetia peruviana*> *Casssia fistula*> *Nemacon*> *Vircon*> *kontroli* zarówno w niższych i wyższych stężeniach i był nemostatyczne w naturze. Minimalne tworzenie się żółci obserwowano u roślin *Aegle marmelos* i *Prosopis cineraria* treated. Stosowanie *Aegle marmelos* i *Prosopis cineraria* (zarówno jako ekstraktów wodnych, jak i suchego proszku) jest zalecane w leczeniu chorób węzłów korzeniowych *in vitro* i *in vivo*.

Kepenekçi *et al.* (2016) badali wpływ ekstraktów roślinnych z pięciu różnych roślin: *Capsicum frutescens, Hyoscyamus niger, Melia azedarach, Xanthium strumarium* i *Achillea wilhelmsii* (stężenia 0,5, 1, 1,5, 3, 6 i 12%) na jaja, masy jajeczne i młodzież drugiego stopnia *M. incognita in vitro*. Stężenia 3, 6 i 12% dla *H. niger, X. strumarium* i *M. Azedarach* spowodowały 100% zahamowanie wylęgu jaj i śmiertelność J2.

Bajestani *i wsp.* (2017) badali hamujący wpływ leczniczych ekstraktów roślinnych, tj. nagietka lekarskiego (*Tagetes* spp.), rozmarynu (*Rosmarinus officinalis* L.) i czarnucha (*Nigella sativa* L.) na nicień korzeniowy, *M. javanica* na 1500, 2500 i 5000 młodych osobników na wrażliwe pomidory cv. Karoon w warunkach szklarniowych. Wszystkie zabiegi zmniejszyły tempo infekcji korzeni i znacznie obniżyły współczynnik rozrodu *M. javanica*. Pomiędzy zabiegami ekstrakt z rozmarynu ma największy wpływ na redukcję populacji nicieni przy 40% stężeniu w porównaniu z kontrolą.

4-3- Nanocząsteczki:

Kucharska i Pezowicz (2009) badali wpływ nanocząsteczek srebra (nano-Ag) na śmiertelność entomopatogennych nicieni *Heterorhabditis bacteriophora*. Odsetek śmiertelności zależy od stężenia nano-Ag i okresu narażenia. Najwyższe stężenie nano-Ag (5ppm) spowodowało 99% śmiertelność *H. bacteriophora*. Natomiast niższe stężenie (0,5 ppm) powodowało znacznie niższą śmiertelność 4% w porównaniu z kontrolą (0 ppm), a także śmiertelność 4%.

Ardakani (2013) badał toksyczność nanocząstek srebra (AgNP, 20 nm) na nicień-korzeń (*Meloidogyne incognita*) w doświadczeniach laboratoryjnych i w doniczkach. Stosowane dawki nanocząstek srebra wynosiły 1,5, 3, 6, 12,5, 25, 50, 100, 200, 400 i 800 mg nanocząstek na ml wody w doświadczeniu laboratoryjnym mającym na celu określenie ich wpływu na ruchliwość i śmiertelność młodych osobników drugiego stopnia (J2). W doświadczeniu wazonowym zastosowano 0,02, 0,01, 0,005, 0,0025, 0,00125 i 0,0007% (w/w) nanosrebra w celu zbadania wpływu na aktywność nicieni. Wyniki wykazały, że 100% bezruchu i śmiertelności J2 w leczeniu 800, 400 i 200 mg /ml AgNP; LC50 wynosił 100 mg /ml.

Cromwell *i wsp.* (2014) ocenili wykorzystanie nanocząsteczek srebra (AgNP) jako potencjalnego nicieniobójcy w badaniach laboratoryjnych i polowych w celu zwalczania nicieni korzeniowych (*Meloidogyne* spp.) w trawie darniowej w Stanach Zjednoczonych. AgNP syntezowano w reakcji redoks azotanu srebra z borowodorkiem sodu, używając 0,2% skrobi jako stabilizatora. Kiedy J2 z *M. incognita wystawione* na działanie AgNP w wodzie o stężeniu od 30 do 150 µg/ml, > 99% nicienie stają się nieaktywne w ciągu 6 godzin, kiedy trawa i złożone próbki gleby porażone M. *graminis* 150 µg/ml AgNP, J2 zostały zredukowane w próbkach gleby odpowiednio o 92% i 82% po 4 i 2 dniach ekspozycji, w porównaniu z próbkami gleby niepoddanymi obróbce. Ścieżki terenowe oceniające AgNP przeprowadzono na bermudagrasie (*Cynodon dactylon* × *C. transvaalensis*) kładąc zieleń zaatakowaną *M. graminis*. Dwutygodniowe stosowanie 90,4 mg/m2 AgNP poprawiło jakość trawy w ciągu jednego roku i zredukowało tworzenie się żółci w korzeniach w ciągu dwóch lat, bez efektu fitotoksyczności.

Nassar (2016 r.) zbadał eter naftowy, octan etylu i ekstrakty etanolu z *moczników Urtica* i ich nanosrebra jako nematyków przeciwko nicieniom korzeniowym, *M. incognita*. Ekstrakty liściowe z *U. ureny* przygotowano poprzez kolejną ekstrakcję, a następnie zsyntetyzowano Ag-nanocząsteczki ekstraktów i referencyjny nematyk (rugby□). Wyniki wykazały, że formuła ekstraktów Ag-nano była skuteczna w leczeniu *M. incognita*. Stwierdzono 11-krotne zwiększenie aktywności Ag-rugby i najmniej toksycznych ekstraktów (octanu etylu) przeciwko jajom. Wartości LC50 wykazały istotny wpływ eteru naftowego Ag-rugby i Ag na larwy w porównaniu z ekstraktami eteru naftowego, etanolu i octanu etylu. Ekstrakt eteru naftowego i jego nanocząsteczki Ag mogą być uważane za bezpieczne dla środowiska i skuteczne alternatywy dla nematicydów przeciwko *M. incognita*.

Taha, Entsar (2016) ocenił, że nanocząsteczki srebra (AgNP) jako substancja nematyczna w eksperymentach laboratoryjnych i przesiewowych. Drugie młode osobniki zakaźne *Meloidogyne incognita były narażone na działanie* AgNP w wodzie w stężeniach 20, 40, 200, 500 i 1500 ppm/ml. Wyniki wykazały, że stężenie 200 ppm powodowało 52% umieralności w trzeciej dobie, natomiast 500 ppm powodowało 51% umieralności odpowiednio po jednej dobie i 64%, 82% po drugiej i ostatniej dobie. Najbardziej efektywne stężenie wynosiło 1500 ppm, co dawało odpowiednio 89%, 93 i 96,5%. W eksperymencie w kurniku ekranowym wszystkie stężenia AgNP hamowały wzrost nicieni (tworzenie się galaretek i jaj oraz końcowej populacji) oraz wyklucie się jaj. Jednak najwyższe stężenia 200, 500 i 1500 ppm były bardziej znaczące w ich efekcie.

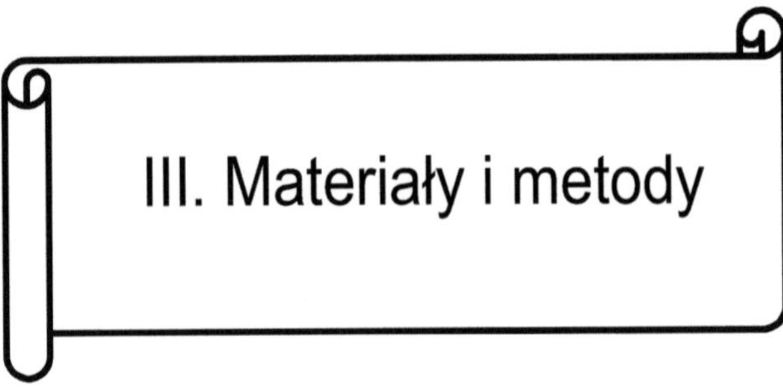
III. Materiały i metody

III. Materiały i metody

1- Występowanie i zagęszczenie populacji nicieni nitkowatych związanych z sadami granatowymi w guberni Assiut:

W latach 2013 i 2014 przeprowadzono szeroko zakrojone badania nicieni związanych z sadami granatowymi w guberni Asiut. Łącznie zebrano 500 próbek gleby i korzeni z pięciu różnych miejscowości (El-Badary; Manfalout; Sedfa; Sahel-Selim i El-Fath) w guberni Assiut uprawiającej granaty, po 100 próbek z każdej miejscowości. Wszystkie miejscowości były uprawiane z kultywarem Manfalouty.

1-1- Pobieranie próbek i pobieranie:

Próbki gleby i korzeni były pobierane przez kopanie gleby wokół drzew i starannie mieszane. Wszystkie próbki były przechowywane w workach polietylenowych, aby zapobiec wysychaniu wody, i wysyłane bezpośrednio do laboratorium w celu ekstrakcji i identyfikacji nicienia. Każda próbka składała się z podpróbek, które mieszały się ze sobą, tworząc złożoną próbkę o wadze około 1 kg.

1-2- Ekstrakcja i numeracja nicieni:

Każda próbka gleby została dokładnie wymieszana i 100 g z każdej próbki gleby zostało kolejno przesiane na mokro przez sita 100 i 400 mesh **(Goodey, 1957**). Otrzymaną zawiesinę zawierającą nicienie przeniesiono na patelnię Baermanna wyposażoną w miękką bibułę w celu oddzielenia aktywnych nicieni od zanieczyszczeń i drobnych cząstek gleby. Po 48 godzinach, za pomocą sita o 400 oczkach **(Baermann, 1917), zebrano** zawiesinę nicieniowo-wodną i stężono ją do 10 ml w szklanej fiolce.

Larwy nicieni korzeniowych, w porcjach po 1 ml wyekstrahowanej zawiesiny, zostały policzone przez preparat Hawksely'ego pod mikroskopem badawczym.

2- Identyfikacja nicieni korzeniowych:

2-1- znaki morfologiczne (wzory krocza):

Zainfekowane korzenie granatów z galaretkami zostały wybrane z pięciu powiatów. Kulki zostały umieszczone w płytce Petriego z wodą z kranu. Tkanka korzeniowa rozerwana na strzępy za pomocą kleszczy i pół włóczni, aby usunąć dojrzałe samice. Samice przeniesione do kropli wody z kranu na szklanym szkiełku mikroskopowym. Naskórek samicy odtworzył się przy szyi i delikatnie wypchnął tkankę ciała na zewnątrz. Następnie naskórek umieszcza się na szkiełku mikroskopowym w kropli 45% kwasu mlekowego na 30 minut. Skórę przecinano na pół ostrzem (żyletką), a krocze obcinano do kwadratu. Wzory krocza przeniesione na kroplę gliceryny na czystym szkle mikroskopu. Wewnętrzna powierzchnia kutasa musi być umieszczona na szybie. Przykrywka umieszczona na kropli gliceryny. Płytka zakrywająca została zamknięta, a preparat został oznaczony i zbadany pod mikroskopem badawczym (**Taylor i Netscher, 1974; Hartman i Sasser, 1985**).

2-2- Molekularna identyfikacja nicieni korzeniowych:

Ekstrakcja DNA:

Ekstrakcję DNA z izolatów nicieni wykonano metodą bromku cetylotrimetyloamoniowego (CTAB) (**Sambrook *i wsp.* , 1989 oraz Mondino *i wsp.* , 2015**) z pewnymi modyfikacjami. Kilka dorosłych samic uzyskanych z każdego izolatu zostało zamrożonych w ciekłym azocie, a następnie zmiażdżonych przy użyciu odpowiedniego tłuczka i moździerza. Do każdej próbki dodano 700µl buforu do ekstrakcji CTAB, a następnie mieszaninę przeniesiono do 2 ml probówki Eppendorfa. Dodano 50µl β-merkaptoetanolu i wszystkie probówki dobrze wymieszano przez 15 sekund, a następnie inkubowano przez około 40 minut w temperaturze 65oC w łaźni wodnej. Po inkubacji probówki trzymano w temperaturze pokojowej przez 5-10 min, a następnie do każdej z nich dodawano 700µl chloroformu: roztwór alkoholu izoamylowego (24:1 v/v), a roztwór delikatnie mieszano. Następnie probówki zostały poddane wirowaniu (8000 obr/min w temperaturze 4 °C przez 15 min). W razie potrzeby poprzedni krok można powtórzyć. Po odwirowaniu do nowej probówki 1,5 Eppendorfa przeniesiono około 500µl górnej fazy wodnej (bez materiału stałego) i do każdej z nich dodano taką samą objętość (500 µl) zimnego izopropanolu oraz 1/10 objętości octanu sodu 3M. Następnie rury były kilkakrotnie powoli odwracane i przechowywane w lodówce przez noc. Dla probówek wykonano odwirowanie (13.000 obr./min w 4 °C przez 30min). Po odwirowaniu wyrzucono supernatant, a następnie wypłukano osad DNA, dodając 1 ml 70% zimnego etanolu i przeprowadzono wirowanie (13 000 obr./min w temp. 4 °C przez 5 min). Probówki przechowywano w temperaturze pokojowej, aby umożliwić wysuszenie granulatu DNA na powietrzu (ok. 15 min). Wysuszony granulat DNA został następnie ponownie zawieszony w buforze 100 µl TE, a 3 µlRNazy dodano do buforu w celu usunięcia jakiegokolwiek RNA w preparacie. Stężenie DNA (µg/ml) oznaczono dla każdej próbki za pomocą spektrofotometru, a następnie wykonano wymagane rozcieńczenia w celu późniejszego wykorzystania do PCR.

Analiza PCR specyficzna dla danego gatunku:

W celu potwierdzenia identyfikacji morfologicznej izolatów nicieni wykorzystano w PCR dwa specyficzne gatunkowo zestawy primerów SCAR wybrane z poprzednich badań jako markery specyficzne dla *Meloidogyne javanica*, mianowicie Fjav/Rjav (**Zijlstra *i in.* , 2000**) oraz MJ-F/MJ-R (**Meng *i in.* , 2004**) (**tabela 1**). Amplifikacje PCR wykonano w 25µl mieszaninach reakcyjnych, z których każda zawierała 5-10 ng genomowego DNA, 1X bufor

PCR, 1,5 mM MgCl2, 200 µM każdego dNTP, 0,8 µM każdego primera i 1 U Taq DNA-polimerazy. Amplifikacje zostały wykonane w Cyklerze Senso Quest Lab (SensoQuest GmbH, Getyngia, Niemcy) przy użyciu różnych warunków PCR dla każdego zestawu primerów (**tabela 2**). Produkty PCR rozdzielano za pomocą poziomego urządzenia do elektroforezy żelu na 1,5% żelu agarozowym barwionym bromkiem etydyny w 0,5 X buforze TBE. Do oszacowania wielkości każdego amplifikowanego fragmentu DNA użyto drabinki DNA 100 bp. Żel był prowadzony przez około 2-3 godziny pod stałym napięciem około 80 V, a następnie wizualizowany i fotografowany w świetle UV przy użyciu systemu dokumentacji żelu. Następnie dla każdego znacznika SCAR wykryto konkretny pasek o oczekiwanym rozmiarze oddzielnie.

Tabela (1): Podkłady SCAR używane do identyfikacji molekularnej *M. javanica*.

Nazwa podkładu	Wielkość fragmentu (bp)	Sekwencja (5'-3')	Odniesienie
Fjav/Rjav	670	F: GGTGCGCGATTGAACTGAGC R:CAGGCCCTTCAGTGGAACTATAC	Zijlstra *et al.* , 2000
MJ-F/MJ-R	517	F: ACGCTAGAATTCGACCCTGG R: GGTACCAGAAGCAGCCATGC	Meng *et al.* , 2004

Tabela (2): Warunki PCR podkładów SCAR używanych do identyfikacji molekularnej.

Nazwa podkładu	Warunki wzmocnienia
Fjav/Rjav	94 °C 4 min. 94 °C 30 sek. 60 °C 30 sek. 72 °C 90 s 72 °C 10 min. 45 cykli

MJ-F/MJ-R	94 °C 4 min. 94 °C 30 sek. 55 °C 30 sek. 72 °C 90 s 72 °C 10 min.	45 Ycles

3: Kultura stada nicieni:

Do zaszczepienia 2 tygodniowych, zdrowych sadzonek pomidora odmiany cv, wykorzystano masy jajowe *javanica javanica* (**Treub**) zainfekowane drzewem **chitwood,** zebrane z miejscowości El-Badary, Sahel-Selim, Sedfa, El-Fath i Manfalout. Super Marmrnad. Sześć tygodni po inokulacji, rośliny zostały wykorzenione i zbadane pod kątem występowania infekcji nicieni i rozmnażania. Zainfekowane korzenie zostały użyte do ekstrakcji jaj nicieni, jak opisał to **Hussey i Barker (1973).**

3- Podatność niektórych odmian granatu na nicień korzeniowy, *M. javanica*):

Doświadczenie przeprowadzono w warunkach szklarniowych Zakładu Patologii Roślin Wydziału Rolniczego, Assiut Univ. Do oceny ich wrażliwości na *M. javanica* wykorzystano wolne od nicieni sadzonki czterech różnych odmian, a mianowicie [H116, Manfalouty, Wondarful i Assiuty]. Uzyskano je w ogrodniczym centrum badawczym, Shandaweel, Sohag.

Jedną sadzonkę (roczną) każdej odmiany granatu uprawiano w glinianej doniczce o średnicy 35 cm wypełnionej 3 kg sterylizowanej gleby gliniastej (muł 36%, piasek 36,64% i glina 27,36%).

Zaszczepienie nicieni korzeniowych pobrano z kultury macierzystej, a jaja nicieni wydobyto z korzeni za pomocą 0,5 % roztworu podchlorynu sodu (**Hussey i Barker, 1973**). Po 25 dniach przesadzania sadzonek dodano inokulę w ilości 3000 J2 na roślinę, według **Carneiro *et al.* (2007)** z modyfikacją. Inokulę dodawano w trzech otworach wokół korzeni roślin za pomocą mikropipety, a doniczki podlewano codziennie i nawożono 1 g/roślinę soli NPK (1:1:1) co tydzień.

Każda z odmian była replikowana pięć razy, a także pięć doniczek każdej z odmian trzymanych bez inokulacji, aby służyć jako kontrola. Donice zostały rozmieszczone w szklarni w sposób całkowicie randomizowany.

Dane zostały zarejestrowane po 90 dniach od inokulacji nicieni. Populacja nicieni została oszacowana przy użyciu techniki pan Baermanna (**Baermann, 1917**), jak wcześniej wspomniano.

5- Zarządzanie węzłem korzeniowym nicieni, *M. javanica*:

5-1 Bioagenty:

Izolacja niektórych bioagentów z ryzosfery granatu:

Z pięciu powiatów (Sedfa, Sahel Selim, El-Fath, El-Badary i Manfalout) pobrano pięć próbek zdrowych roślin kłącza granatu. Zebrano je przez staranne wykopanie zdrowych korzeni roślin i umieszczono w kartonach polietylenowych, aby zapobiec ich wysychaniu, a następnie przewieziono do laboratorium Patologii Roślin Dep., Wydziału Agri. Assiut Univ. , do izolowania bakterii, aktynomiocytów, grzybów i drożdży.

Z każdej próbki pobrano dziesięć gramów mokrej ziemi i umieszczono w sterylnej kolbie (250 ml) z 90 ml wody i mieszać na wytrząsarce przez 20-30 min, a następnie dulityzowano do 10-1, 10-2, 10-3, 10-4, 10-5 i $^{10-6}$. 0,1 ml z, rozcieńczenia 10-3 i 10-4 powlekano na pożywce PDA z różem bengalskim dla grzybów, rozcieńczenia 10-4 i 10-5 powlekano na pożywce z agaru glukozowo-asparaginowego dla aktynomiocytów, a 10-5, $^{10-6}$ rozcieńczeń powlekano na pożywce z glukozowym wyciągiem z gleby dla bakterii i drożdży (**Dhingra i Sinclair, 1995**). Płukanki Petriego były inkubowane w temperaturze 27°C przez trzy dni, a mikroorganizmy były oczyszczane. Izolaty były przechowywane w temperaturze 4°C bez płytek.

Dwadzieścia dziewięć izolatów grzybów zostało wyizolowanych z pięciu hrabstw (izolaty Sedfa 8, izolaty El-Badary 4, izolaty Sahel-Selim 4, izolaty El-Fath 8 i Manfalout 5), oraz 12 izolatów bakteryjnych (izolaty Sedfa 3, izolaty El-Badary 3, izolaty Sahel-Selim 2, izolaty El-Fath 2 i Manfalout 2). Podczas gdy cztery izolaty drożdży z El-Badary, 3 izolaty i Sedfa jeden izolat), jeden izolat aktynomiocytów z Manfalout County.

Użyte media:

***PDA-Rose Bengal medium:**

Zmienić autokulawizowane PDA (Ziemniaki 200g; Agar 15-20 g i Sacharoza 20 g) na 30 do 50 µg/ml Róża bengalska i 50 do 100 µg/ml streptomycyny.

***Glukoza - agar wyciąg z gleby:**

Glukoza	1g
Ekstrakt z gleby	100 ml
Agar	15g
K2HPO4	0,5 g
Woda z kranu	900 ml

Wyciąg z gleby został przygotowany w autoklawie przez 30 min. w 1 kg gleby ogrodowej w 1 litrze wody. Dodaj 0,5 g CaCO3 i przefiltruj przez podwójną warstwę bibuły filtracyjnej. Podłoże to zostało użyte do izolowania bakterii opisywanych przez **Dhingrę i Sinclaira (1995).**

***Glukozowy agar szparaginowy:**

Glukoza 10 g

Szparaginal 0,5 g

K2HPO4 0,5 g

Agar 15 g

Woda 1 L

pH dostosowuje się do poziomu bliskiego neutralności.

Przeciwko M. javanica badano grzyby (filtraty hodowlane), bakterie, aktynomiocyty i drożdże (zawiesinę).

Przygotowanie filtratów z hodowli grzybów:

W badaniu tym przebadano 29 izolatów grzybów. Dysze z każdego izolatu (5 mm) (tygodniowe kultury grzybów wyhodowane na płytkach PDA) były hodowane na pożywce (PDB). Kolby (250 ml) o konsystencji (100 ml) PDB inkubowano w temperaturze 25°C na wytrząsarce (240 obr/min) przez 7 dni. Po okresie inkubacji bulion z hodowli odwirowywano z prędkością 10.000 obr/min przez 10 minut, a supernatant przechodził przez filtr 0,2 μm. Wszystkie filtry z hodowli były przechowywane w temperaturze 4°C do momentu ich wykorzystania (**Nitao *i in.*, 1999 i Meyer *i in.*, 2000**).

Badania przesączów z hodowli grzybów przeciwko *M. javanica in vitro:*

Młodzież z drugiego etapu *M. javanica* była poddawana powierzchniowej sterylizacji 0,5% NaOCl przez 15s, trzykrotnie płukana sterylną wodą destylowaną i przekazywana do obu filtratów hodowlanych izolowanych grzybów (1 ml J2 / 10 ml filtratu hodowlanego). *Występowało* 29 izolatów z 3 replikatami, a każda replika zawierała około 100 J2 według **Naserinasab *i in.*, 2011** z modyfikacją. Zarejestrowano dane dotyczące % śmiertelności J2 po 12, 24, 36 i 48 h inkubacji w temp. 25±2°C. Młodzież w sterylnej wodzie służyła jako kontrola.

Przygotowanie izolatów bakterii, aktynomiocytów i drożdży:

Hodowle bakterii, aktynomiocytów i drożdży (48-letni), które rosły na pożywce z sacharozą (NS) (5,0g peptonu, 3,0g ekstraktu wołowego, 5,0g sacharozy, 1000 ml wody destylowanej i dostosowane do pH7,0) (**Dowson, 1957**) były odwirowywane z prędkością 10.000 obr/min przez 10 minut w celu oddzielenia komórek bioagenta. Po odwirowaniu, supernatanty były odrzucane, a granulki były trzykrotnie płukane przez odwirowanie sterylizowaną wodą destylowaną (SDW) i ostatecznie zawieszane w SDW (**Abo-Elyousr *i in.*, 2010**). Gęstość optyczną (OD) zawiesiny dostosowano do 0,2 (A360 nm) za pomocą spektrofotometru UV (spektronicznego 20D) odpowiadającego ^{105} CFU/ml. To stężenie było używane do wszystkich eksperymentów.

Badania *in vitro* bakterii, aktynomiocytów i drożdży przeciwko *M. javanica*:

W warunkach laboratoryjnych oceniano wpływ suspensji bakteryjnych, drożdżowych i aktynomiocytowych na *M. javanica* J2. Do tego doświadczenia 100 świeżo wyklutych płytek *M. javanica* J2 (1ml zawiesiny nicieni) zostało przeniesionych na 10 cm płytki Petriego o średnicy diamentu, zawierające 10 ml każdej z nich (zawiesiny bakteryjne, aktynomiocytowe lub drożdżowe) (^{105} CFU/ml) oddzielnie. Płytki Petriego utrzymywane w temperaturze 25°C w inkubatorze. Każdy zabieg był replikowany 3 razy. Procentowa śmiertelność J2 została określona pod mikroskopem badawczym przy 60x powiększeniu po 12, 24, 36 i 48 godzinach okresu inkubacji. (**Abo-Elyousr *i in.*, 2010**). Młodzież w sterylnej wodzie służyła jako kontrola.

Identyfikacja bioagentów z wykorzystaniem cech morfologicznych i fizjologicznych:

Antagonistyczny grzyb, który dał swojemu przesączowi kulturowemu redukcję *M. javanica* (J2) został zidentyfikowany zgodnie z charakterystyką morfologiczną grzybni i zarodników opisaną przez **Bootha (1971) oraz Leslie i Summerell (2006)** i potwierdzoną przez Assiut University Mycological Center (AUMC) Assiut, Egipt.

Izolaty bakterii (izolaty nr 10 i 12), aktynomiocytów (izolat nr 11) i drożdży (izolat nr 16) wykazywały wysoki odsetek śmiertelności J2. Identyfikacji dokonano zgodnie z morfologicznymi cechami kulturowymi i fizjologicznymi zalecanymi przez **Kurtzmana i Fella (1998)** do identyfikacji drożdży, Bergey's Manual of systematic Bacteriology (**krieg i Holt, 1984**) i Bergey's Manual of Determinative Bacteriology 9th edition (**Holt *i in.*, 1994**) do identyfikacji bakterii i aktynomiocytów.

Użyte media:

***Odżywczy agar sacharozy: (Dowson, 1957)**

Pepton 5,0gm

Ekstrakt wołowy 3,0gm

Sacharoza 5,0gm

Agar 20,0gm

Woda destylowana 1000 ml

Podłoże zostało dostosowane do pH 7,0

***Pożywka do hydrolizy skrobiowej:**

Pożywka agarowa zawierająca 0,2% (w/v) skrobi rozpuszczalnej. Pożywka ta została użyta zgodnie z zaleceniami **Baritta (1936).**

***Pożywka do hydrolizy eskuliny (Sneath, 1965)**

Pepton 10,0gm

Esculina 1,0gm

Cytrynian żelazowy 0,5gm

Agar 20,0gm

Woda destylowana 1000ml

Podłoże zostało dostosowane do pH 7,0±0,2

***Żelatynowe medium do upłynniania (Stapp, 1961)**

Pepton 10,0gm

Ekstrakt wołowy 3,0gm

Chlorek sodu 5,0gm

Żelatyna 150,0gm

Woda destylowana 1000ml

Podłoże zostało dostosowane do pH 7,0±0,2

***Pożywka do hydrolizy kazeiny:**

Agar odżywczy 87,5ml

Mleko odtłuszczone 12,5 ml

Pożywkę topiono, schładzano w temp. 50°C, dodawano mleko i wlewano na płytki, a następnie szczepiono i inkubowano w temp. 27°C przez 48 godz. i badano pod kątem oczyszczenia. Pożywka ta została użyta zgodnie z zaleceniami **Cruickshank'a *i in.* (1975).**

***Lewanowa produkcja z sacharozy:**

Produkcję lewanu oznaczono na agarze odżywczym zawierającym 5% (w/v)sacharozy. Tworzenie się dużych, kopulastych, białych, kremowych, gładkich, lśniących kolonii wskazywało na produkcję lewanu. Metoda ta została zalecona przez **Lelliotta i Steada (1987).**

***Test mocznika:**

D-glukoza 1,0gm

Mocznik (20% roztwór wodny) 100 ml

Agar 20,0gm

Czerwień fenolowa 0,012gm

KH2PO4 2,0gm

NaCl 5.0gm

Pepton 1,0gm

Woda destylowana 900ml

Podłoże zostało dostosowane do pH 7,0±0,2

Mocznik dodawano do pożywki podstawowej oddzielnie jako filtr Seitsa w sterylizowanym roztworze w celu uzyskania końcowego stężenia 2% (w/v) w 5 ml. Pożywka i test zostały opisane przez **Christensena (1977).**

***Pożywka do badań czerwieni metylowej (MR) i Voges Proskaur (VP):**

Pepton	5,0gm
Glukoza	5,0gm
Chlorek sodu	5,0gm
Woda destylowana	1000ml

Podłoże zostało dostosowane do pH 7,0±0,2

Dodać od 5 do 6 kropli czerwieni metylowej w 300 ml 95% alkoholu etylowego i uzupełnić do 500 ml wodą destylowaną. To medium i metoda zostały użyte zgodnie z zaleceniami **Baritta (1936).**

***Akcja na związki węgla:**

Reakcję z pewnymi różnymi związkami węglowymi wyznaczono w środowisku o następującym składzie:

Związek węglowy	0,5% (w/v)
Diwodorofosforan amonu	0,1% (w/v)
Siarczan magnezu	0,02% (w/v)
Diwodorofosforan potasu	0, 02% (w/v)

Błękit bromotymolowy był używany jako wskaźnik i produkcji gazu mierzonego przez rurkę Durhama. Przed sterylizacją ustawiono pH podłoża podstawowego na 7,0. Badane węglowodany dodawano do podłoża aseptycznego w postaci roztworu sterylizowanego przez filtr Seitza. Dodano źródła węgla w celu uzyskania ostatecznego stężenia 0,5% (w/v) w 5 ml. Rurki inokulowano kłuciem, a następnie inkubowano w temperaturze 27°C i badano w różnych odstępach czasu do 20 dni pod kątem produkcji kwasu i gazu **(Schaad, 1988).**

***Pożywka do produkcji siarczku wodoru:**

Pepton	20,0gm
Dekstroza	1,0gm
Octan ołowiu	0,2gm
Ten siarczan sodu	0,08gm
Agar	20,0gm
Woda destylowana	1000ml

Pożywka została dostosowana do pH 7,0. Pożywka ta została zastosowana jako rekomendowana przez **Fraizera i Fostera (1959).**

5-2 Wydajność niektórych wodnych ekstraktów roślinnych na *M. javanica in vitro*:

przygotowywanie ekstraktów roślinnych:

Do przygotowania ekstraktów wodnych wykorzystano ząbki czosnku (*Allium sativum*), cebulki cebuli (*Allium cepa*), świeże liście rycynowca (*Ricinus communis*) z jednorocznych roślin, świeże liście neemu (*Azadirachta indica*) z pięcioletnich drzew i skórki świeżych owoców granatu (*Punica granatum*) uprawianych w gospodarstwie Uniwersytetu Asiut w Assiut, Egipt. Dwadzieścia pięć gramów każdej rośliny materialnej zostało zmieszanych w 250 ml sterylizowanej wody destylowanej (1g/10 ml podstawy) przy użyciu elektrycznego miksera przez trzy minuty. Otrzymaną mieszaninę pozostawiono na 72 godziny w temperaturze pokojowej i przepuszczono przez bibułę filtracyjną Whatman nr 1 o średnicy 11 mm, a następnie poddano sterylizacji przez filtr Zeitz. Każdy wyciąg był traktowany jako roztwór stojący (100% stężenia). Rozcieńczenia każdego z ekstraktów (75%), (50%) i (25%) zostały przygotowane przez dodanie sterylizowanej wody destylowanej i przechowywane w 4°c w stanie surowym (**Abo-Elyousr *i in.*, 2010 oraz El-Nagdi i Youssef, 2013**).

Efekty działania ekstraktu roślinnego oceniano na tle *M. javanica* J2 w warunkach laboratoryjnych. Do tego doświadczenia, jeden ml zawiesiny nicieni korzeniowych zawierającej około 100 świeżo wyklutych *M. javanica* J2 został przeniesiony na 10 cm płytki diamentowe Petriego zawierające 10 ml każdego wyciągu z rośliny. Płytki Petriego inkubowano w temperaturze 25± 2°C. Po 12, 24, 36 i 48 godzinnym okresie inkubacji, wszystkie martwe i żywe J2 zostały policzone pod mikroskopem stereoskopowym przy powiększeniu 60x. Każdy zabieg był replikowany 3 razy (**Korayem i in., 1993; Khanna i Kumar, 2006 i Abo-Elyousr *i in.*, 2010**). Młodzież w sterylnej wodzie służyła jako kontrola.

5-3 Skuteczność nanocząsteczek żelaza i srebra przeciwko *M. javanica in vitro:*

Źródło nanocząsteczek żelaza i srebra:

Tlenek żelaza (III), przemysłowy, nanoArc□20-40nm proszek Aps, S. A. 30- 60 m2/g Fe2O3.

Nanocząsteczki srebra, 50nm, 0,02 mg/ml, dostarczane w 2mM cytrynianie sodu, płyn absorpcyjny 425 nm otrzymywany z firmy Ajohnson Matthey Company, Niemcy.

Nanocząsteczki żelaza i srebra badano *in vitro na M. javanica.* Pięćdziesiąt pięć J2 *M. javanica* w 0,25 ml dodano do 1 ml roztworów nanocząstek o zawartości 0, 1, 5, 10, 15 i 20 ppm w 1,5 probówkach Eppendorfa z trzema replikami każdego roztworu i inkubowano w temperaturze 25±2°C. Po 12, 24, 36 i 48 godzinnej inkubacji, wszystkie martwe i żywe J2 zostały policzone pod mikroskopem stereoskopowym przy powiększeniu 60x. Żywe nicienie były oznaczone jako te, które były poskręcane, podczas gdy martwe nicienie jako te, które wydawały się sztywne lub proste (**Cromwell *i in.*, 2014**). Młodzież w sterylnej wodzie służyła jako kontrola.

6- Zarządzanie *M. javanica* w warunkach szklarniowych za pomocą bioagentów,

ekstrakt roślinny i nanocząsteczki

Doświadczenie przeprowadzono w szklarni Zakładu Patologii Roślin na Wydziale Rolnictwa Uniwersytetu Asiut. Jednoroczne sadzonki granatu, cv. Manfalouty przesadzano pojedynczo w glinianych doniczkach (średnica 35 cm) wypełnionych 7 kg parowosterylizowanej gleby gliniastej. Garnki zostały podzielone na zabiegi według następujących zasad:

a) Zdrowa, niezakażona kontrola (C) (tylko sterylizowana gleba)
b) Kontrola zakaźna (IC) (gleba + nicień)
c) Nemateks (N) (oksamyl 24% sl) + nicień
d) *Pichia guilliermondii* (PG) + nicień
e) *Fusarium verticillioides*(FV) + nicień
f) *Xenorhabdus beddingii* (XB) + nicień
g) *Pantoea aglomerans* (PD) + nicień
h) *Streptomyces halstedii* (SH) + nicień
i) Ekstrakt wodny z goździków czosnku (GE) + nicień
j) Nanocząsteczki żelaza (IN) + nicień

Grzyb został dodany jako filtrat kultury, bakterie, aktynomiocyt i drożdże dodane jako zawiesina komórkowa (^{105} CFU/ml) oraz wodny wyciąg z ząbków czosnku stosowany jako roztwór podstawowy (100%). Nanocząsteczka żelaza została użyta przy (20ppm). Każdy zabieg był dodawany do gleby w tym samym czasie inokulacji nicieni w 200 ml na doniczkę. Rośliny granatu pojedynczo zaszczepione 3000 J2 *M. javanica dozowano* w 15 ml wody wokół strefy korzeniowej, a donice lekko podlewano. Donice zostały ułożone w sposób całkowicie randomizowany na ławce w szklarni w temperaturze 25±2°C. Rośliny uprawiane w nieprzetworzonej glebie służyły jako środek kontroli. Każdy zabieg został powtórzony 9 razy, a eksperyment powtórzony raz.

Po 30, 60 i 90 dniach od inokulacji nicieni, rośliny zostały wykorzenione, a gleba przylegająca do korzeni została usunięta (100 g/pojemnik) przez pobudzenie w wodzie. Populacje nicieni J2 zostały wydobyte i policzone zgodnie z opisem **Goodeya (1957).** Masy jaj wybarwiono na niebiesko, zanurzając korzenie w 1 mg/L erioglaucyny, przez 15 min. zgodnie z opisem **Atamiana *i wsp.*, 2012 r.** oraz określono liczbę kulki na jeden gram korzeni.

IV- WYNIKI EKSPERYMENTÓW

IV- WYNIKI EKSPERYMENTÓW

1- Występowanie i zagęszczenie populacji nicieni nitkowatych związanych z sadami granatowymi w guberni Assiut:

Łącznie pobrano 500 próbek gleby i korzeni z sadów granatowych w pięciu miejscowościach w guberni Assiut (Sahel-Selim, El-Badary, Manfalout, Sedfa i El- Fath). Sady te były uprawiane z odmianą Manfalouty. Próbki gleby i korzeni zostały pobrane i przetworzone do ekstrakcji i identyfikacji nicieni.

Wyniki analiz próbek gleby i korzeni podano w **tabeli 3**, a rycina **1** wykazała, że 490 z 500 próbek zostało porażonych nicieniami z węzłem korzeniowym (R K) wykazującymi 98% porażenia. Stwierdzono maksymalne (100%) porażenie nicieni w El-Badary, Manfalout i El-Fath, natomiast minimalne porażenie zaobserwowano w Sahel-Selim, a następnie w Sedfa, odpowiednio średnio 94 i 96%.

Występowanie i zagęszczenie populacji osobników młodocianych drugiego stopnia w glebie 100 g uzyskano i przedstawiono w **tabeli 4** i **rys. 2**.

Dane wykazały, że najwięcej nicieni korzeniowych występowało w sadach granatowych na stanowisku Sahel-Selim w sezonie wegetacyjnym 2013 i stanowisku El-Fath w sezonie wegetacyjnym 2014, gdzie średnia liczba wyekstrahowanych młodych osobników z gleby wynosiła odpowiednio 394 i 275,4 J2/100g gleby. Z drugiej strony, najniższa liczba młodocianych w drugim stadium liczona w próbach Sedfa w 2013 r. i Manfalout w 2014 r. wynosiła średnio odpowiednio 88,8 i 134,2 J2/100g gleby. Średnia liczba młodocianych z drugiego etapu, odzyskanych z próbek gleby z miejscowości El-Badary, El-Fath i Manfalout w sezonie 2013 wynosiła odpowiednio 229,4, 147,6 i 131, natomiast w sezonie 2014 miejscowości El-Badary, Sahel-Selim i Sedfa wynosiła odpowiednio 234,4, 134,6 i 141 J2/100g gleby.

Tabela (3): Przewaga nicienia RK związanego z Pomgranatem w pięciu miejscach gubernatorstwa Assiut.

Miejscowość	Razem Liczba próbek	Liczba zaatakowanych próbek	Częstość występowania chorób
El-Badary	100	100	100%
Manfalout	100	100	100%
El-Ścieżka	100	100	100%
Sedfa	100	96	96%
Sahel-Selim	100	94	94%
Razem	500	490	98%

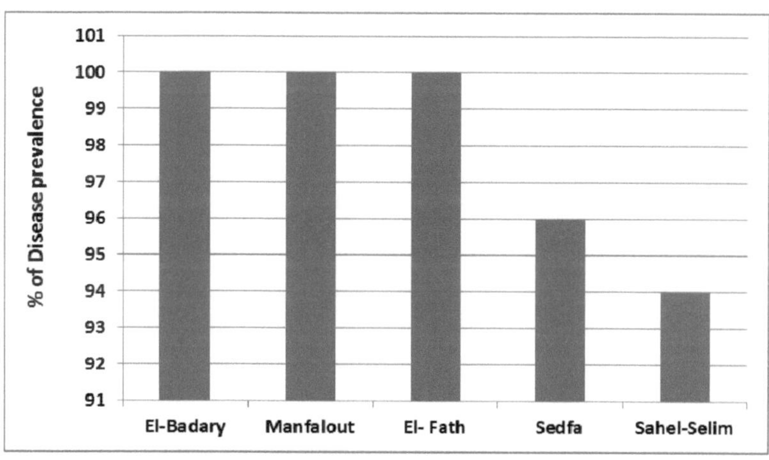

Rysunek (1): Występowanie nicienia RK związanego z granatem w pięciu miejscach Assiut Governorate.

Tabela (4): Gęstość zaludnienia nicienia RK związanego z Pomgranatem sady w Guberni Asystenckiej w latach 2013 i 2014.

Lokalizacja	2013		2014	
	Liczba próbek	Średnia liczba J2/100g gleby	Liczba próbek	Średnia liczba J2/100g gleby
El-Badary	50	229.4	50	234.4
Manfalout	50	131	50	134.2
El-Ścieżka	50	147.6	50	275.4
Sedfa	50	88.8	50	141
Sahel-Selim	50	394	50	134.6

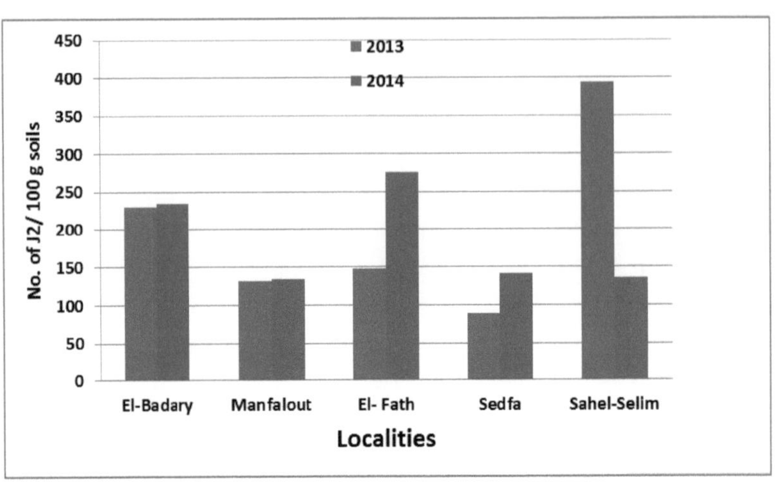

Rysunek (2): Gęstość zaludnienia nicienia RK związanego z granatem sady w Guberni Asystenckiej w latach 2013 i 2014.

2-Identyfikacja nicienia RK w oparciu o metody morfologiczne i molekularne:

2-1- Morfologia wzorca krocza

Badanie wzorców krocza samic, które zostały ręcznie pobrane z zainfekowanych korzeni granatu, wykazywało cechy typowe dla *javanica Meloidogyne*. Gatunek ten był dominujący we wszystkich pięciu próbkach granatu pobranych z hrabstw Sedfa, El-Fath, Sahel-Selim, El-Badary i Manfalout (ryc. **3**). Istotne cechy diagnostyczne wzorca krocza *M. javanica, streszczone* jako niski i zaokrąglony łuk grzbietowy, zawierają boczne grzbietowe i brzuszne rozstępy, rozstępy grube i gładkie do lekko pofalowanych oraz końcówkę ogona często z wyraźnym okółkiem.

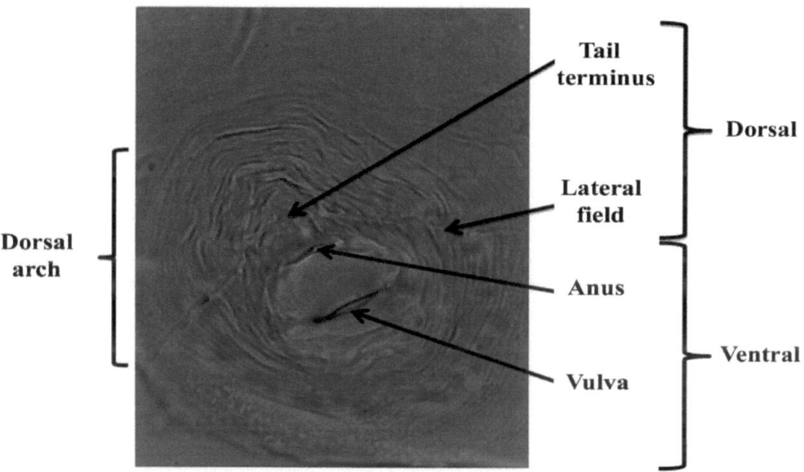

Rysunek (3): Wzór okołokostny *M. javanica.*

2-2 Identyfikacja molekularna ***javanica Meloidogyne*****:**

Dwie specyficzne gatunkowo pary primerów SCAR, a mianowicie Fjav/Rjav i MJ-F/MJ-R, zostały wykorzystane do diagnostyki molekularnej izolatów nicieni w celu dalszego potwierdzenia identyfikacji gatunku. Próba PCR dla pięciu izolatów nicieni przy użyciu specyficznego primera SCAR Fjav/Rjav wyraźnie wytworzyła specyficzny fragment DNA o wartości 670 bp (**ryc. 4**)**,** który był oczekiwany dla *M. javanica*, jak donosiła **Zijlstra *i wsp*.** Konsekwentnie, *specyficzny dla M. javanica primer* MJ-F/MJ-R wygenerował produkt SCAR o wartości 517 bp z pięcioma izolatami nicieni (**Rys. 5**), który był identyczny z poprzednio podawanymi dla *M. javanica* (**Meng *i in.*, 2004).**

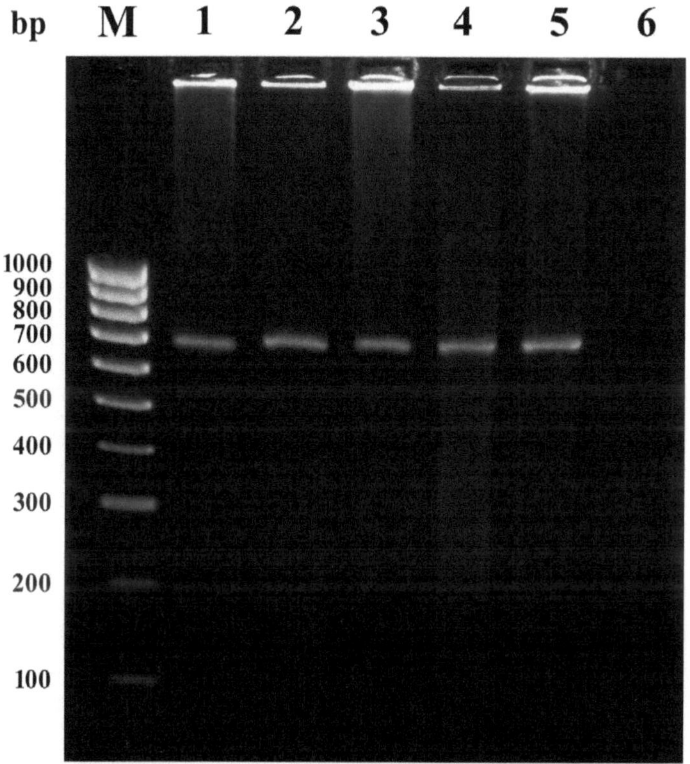

Rysunek (4): Produkt wzmacniający (670 bp) wytwarzany za pomocą *M. javanica* specyficzne dla danego gatunku spłonki Fjav/Rjav SCAR. M: 100 bp DNA Drabina, 1: El-Badary, 2: Manfalout, 3: Sedfa, 4: Sahel-Selim, 5: El-Fath i 6: woda jako kontrola negatywna (reakcja PCR bez DNA).

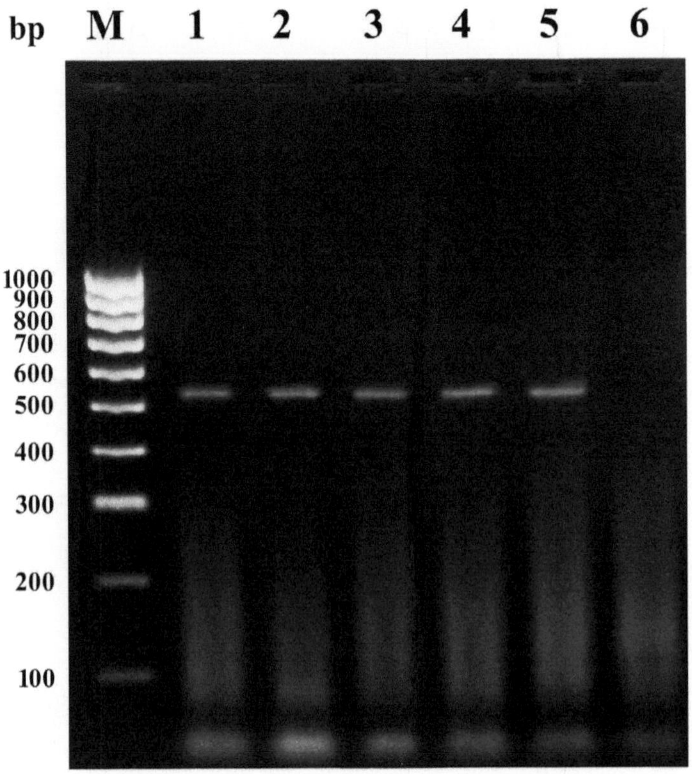

Rysunek (5): Produkt wzmacniający (517 bp) wytwarzany za pomocą *M. javanica* specyficzne dla danego gatunku podkładki MJ-F/MJ-R SCAR. M: 100 bp DNA Drabina, 1: El-Badary, 2: Manfalout, 3: Sedfa, 4: Sahel-Selim, 5: El-Fath i 6: woda jako kontrola negatywna (reakcja PCR bez DNA).

3-Podatność niektórych odmian granatu na nicień korzeniowy, *M. javanica* w warunkach szklarniowych:

Poziom oporności nicieni sadzonek *M. javanica* został określony na podstawie wskaźnika rozrodu (R), który został porównany między populacjami końcowymi J2 (Pf) podzielonymi przez populacje początkowe (Pi).

Dane z **tabeli 5** i **rys. 6 wykazały**, że na ogół odmiany granatu różniły się liczbą J2 w glebie oraz różnicami w ich reakcji na *M. javanica.* Najmniejszą liczbę J2 odnotowano w przypadku odmian H116 i Wonderful (odpowiednio 39 i 64 J2/100g gleby), ale na Assiuty było to średnio 170 J2/100g gleby. Podczas gdy Manfalouty było najwyższą, która wynosiła 240 J2/100g gleby.

H116 i wspaniałe mają wskaźnik rozrodu był niski (<1), co oznacza, że J2 z M. *javanica w* glebie spadek. Fakt ten pokazał, że odmiany odporne na *M. javanica.* Natomiast Assiuty ma indeks reprodukcyjny (1<R<2), co oznacza, że odmiana umiarkowanie odporna, natomiast Manfalouty ma indeks reprodukcyjny wysokości (>2), co oznacza, że odmiana wrażliwa na M. javanica.

Tabela (5): Podatność niektórych odmian granatów na działanie M. *javanica.*

Odmiany granatów	J2/100 g gleby (Pi)	J2/100 g gleby (Pf)	Wskaźnik reprodukcji = Pf/Pi	Status kultywarów
H116	100	39	0.39	**Odporny**
Wspaniały	100	64	0.64	**Odporny**
Asiuty	100	170	1.7	**Umiarkowanie odporny**
Manfalouty	100	240	2.4	**Podatny**

Pi: początkowa populacja

Pf: liczba ludności końcowej

R. indeks = Pf/ Pi

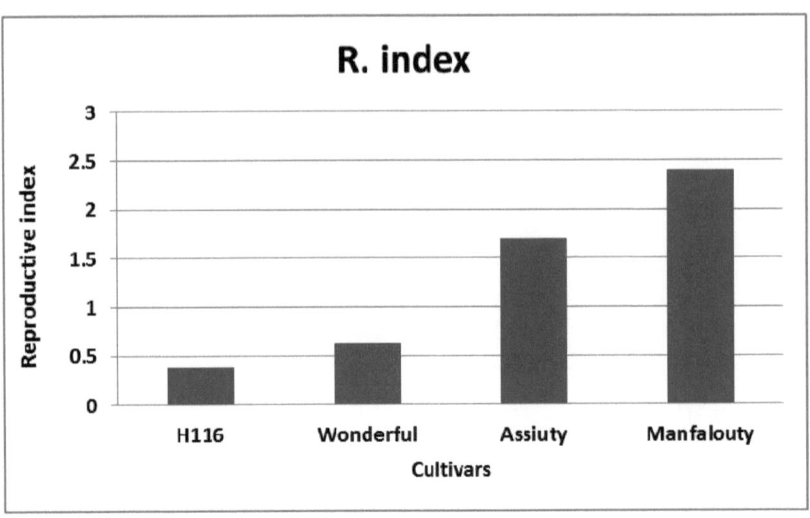

Rysunek (6): Reakcja różnych odmian granatów na *M. javanica.*

4- Postępowanie z nicieniem korzeniowym, *M. javanica in vitro*:

Doświadczenie to zostało przeprowadzone w warunkach laboratoryjnych przy użyciu bioagentów, ekstraktów roślinnych i niektórych nanocząsteczek. Najwyższa skuteczność każdego z zabiegów została określona i zastosowana do zwalczania choroby w warunkach szklarniowych.

4-1 niedobór bioagentów przeciwko *M. javanica*:

W tym eksperymencie grzyby zostały użyte jako filtrat z hodowli grzybów, natomiast bakterie, aktynomiocyt i drożdże zostały użyte jako suspensja komórkowa.

Filtry z hodowli grzybów:

Z rizosfery granatu wyizolowano 29 izolatów grzybów. Grzyby uprawiano na podłożu PDB przez 7 dni, a ich filtraty hodowlane badano *in vitro na M. javanica*. Dane z **tabeli (6) wykazały**, że istniały istotne różnice pomiędzy izolatami. Izoluje nie. 2, 3 i 10 miały największy wpływ na nicień, przy średniej śmiertelności 8,33, 10,01 i 9,22%, a następnie nr izolatu. 6 ze średnią 6,57%. Najniższy procent śmiertelności zaobserwowano w przypadku reszty filtratów z hodowli grzybów w porównaniu z kontrolą.

Odsetek śmiertelności nicieni dotknięty okresem ekspozycji. Największy wpływ filtratu z hodowli stwierdzono po 48 i 36 h ekspozycji, przy średniej śmiertelności odpowiednio 2,28 i 2,12, nieistotnie różniących się, natomiast najmniejszy po 12 i 24 h ekspozycji, przy średniej śmiertelności odpowiednio 0,093 i 0,75, nieistotnie różniących się.

Tabela (6): Skuteczność filtrów do hodowli grzybów przeciwko larwom *M. javanica in vitro.*

Odizolować nie.	Lokalizacja	% śmiertelności J2				Mean
		Czas (godziny)				
		12	24	36	48	
1	Sedfa	0.0G	0.0G	0.0G	0.0G	**0.0C**
2	Sedfa	0.0G	0.0G	16.67A	16.67A	**8.33AB**
3	El-Fath	0.0G	7.54CD	16.24A	16.24A	**10.01A**
4	El-Fath	2.78F	2.78F	2.78F	2.78F	**2.78C**
5	El-Fath	0.0G	0.0G	0.0G	0.0G	**0.0C**
6	Sedfa	0.0G	6.06DE	10.10C	10.10C	**6.57B**
7	Sedfa	0.0G	0.0G	0.0G	0.0G	**0.0C**
8	Sedfa	0.0G	0.0G	0.0G	0.0G	**0.0C**
9	El-Fath	0.0G	0.0G	4,76EF	4,76EF	**2.38C**
10	Sedfa	0.0G	6.11DE	12.91B	17.85A	**9.22AB**
11	El-Fath	0.0G	0.0G	0.0G	0.0G	**0.0C**
12	El-Fath	0.0G	0.0G	0.0G	0.0G	**0.0C**
13	Sedfa	0.0G	0.0G	0.0G	0.0G	**0.0C**
14	El-Fath	0.0G	0.0G	0.0G	0.0G	**0.0C**
15	Sedfa	0.0G	0.0G	0.0G	0.0G	**0.0C**
16	El-Fath	0.0G	0.0G	0.0G	0.0G	**0.0C**
17	El-Badary	0.0G	0.0G	0.0G	0.0G	**0.0C**
18	Manfalout	0.0G	0.0G	0.0G	0.0G	**0.0C**
19	Manfalout	0.0G	0.0G	0.0G	0.0G	**0.0C**
20	Sahel-Selim	0.0G	0.0G	0.0G	0.0G	**0.0C**
21	Manfalout	0.0G	0.0G	0.0G	0.0G	**0.0C**
22	Sahel-Selim	0.0G	0.0G	0.0G	0.0G	**0.0C**
23	Manfalout	0.0G	0.0G	0.0G	0.0G	**0.0C**
24	El-Badary	0.0G	0.0G	0.0G	0.0G	**0.0C**
25	Sahel-Selim	0.0G	0.0G	0.0G	0.0G	**0.0C**
26	Sahel-Selim	0.0G	0.0G	0.0G	0.0G	**0.0C**
27	El-Badary	0.0G	0.0G	0.0G	0.0G	**0.0C**
28	Manfalout	0.0G	0.0G	0.0G	0.0G	**0.0C**
29	El-Badary	0.0G	0.0G	0.0G	0.0G	**0.0C**
Kontrola		0.0G	0.0G	0.0G	0.0G	**0.0C**
Mean		**0.093B**	**0.75B**	**2.12A**	**2.28A**	

Wartość LSD na poziomie 5%
Izolaty (A) = 3,253 Czas (B) = 0,8012 AB = 2,741

Bakterie, aktynomicet i drożdże:

W warunkach laboratoryjnych badano wpływ niektórych bakterii, aktynomiocytów i drożdży na aktywność nicieni korzeniowych, larw *M. javanica*. Niektóre antagonistyczne izolaty miały duży wpływ na nicień, podczas gdy inne były najmniej skuteczne w porównaniu z kontrolą.

Dane z **tabeli 7** i **ryc. 7 wykazały**, że między badanymi antagonistycznymi izolatami występowały istotne różnice w śmiertelności J2 %, przy czym najwyższy procent śmiertelności zaobserwowano w przypadku izolatów nr. 8, 9, 10, 11, 12, 15 i 16 o przeciętnej śmiertelności (24,22, 23,69, 25,59, 25,82, 26,52, 22,13 i 25,24), a następnie odpowiednio izolaty nr. 1 (15.95), 3 (14.94), 4 (12.19), 5 (8.74), 6 (11.34), 7 (11.35), 13 (16.61), 14 (11.89) i 17 (14.62).

Dane wykazały również, że śmiertelność nicieni została przypisana do okresów ekspozycji. Istniały istotne różnice pomiędzy okresami ekspozycji, w których ekspozycja na nicień w ciągu 48 h uzyskała najwyższą śmiertelność, a następnie 36 h przy średnim procencie odpowiednio 24,65 i 19,55 h, podczas gdy 12 h było najmniejszym efektem, a następnie 24 h przy średnim procencie odpowiednio 9,643 i 14,28 h w porównaniu z kontrolą.

Tabela (7): Skuteczność izolatów bakterii, aktynomiocytów i drożdży przeciwko larwom *M. javanica in vitro*.

Odizolować nie.	Hrabstwo	Kategoria	% śmiertelności J2 Okres narażenia (godziny)				Mean
			12	24	36	48	
1	El-Badary	Bakterie	12.50	14.24	17.22	19.85	**15.95CDE**
2	El-Badary	Drożdże	6.857	8.207	9.40	10.85	**8.828EF**
3	El-Badary	Bakterie	9.077	12.89	14.48	23.31	**14.94DE**
4	El-Badary	Drożdże	7.737	12.29	11.28	17.48	**12.19EF**
5	El-Badary	Bakterie	4.487	7.503	10.22	12.73	**8.737EF**
6	El-Badary	Drożdże	9.49	10.12	10.81	14.94	**11.34EF**
7	El-Fath	Bakterie	8.047	11.33	12.36	13.67	**11,35EF**
8	El-Fath	Bakterie	14.88	21.18	28.90	31.90	**24.22AB**
9	Manfalout	Bakterie	5.293	15.47	30	43.98	**23.69ABC**
10	Manfalout	Bakterie	21.59	23.64	27.44	29.70	**25.59A**
11	Manfalout	Actinomycetes	19.22	23.47	27.72	32.87	**25.82A**
12	Sahel-Selim	Bakterie	11.63	18.83	27.93	47.68	**26.52A**
13	Sahel-Selim	Bakterie	8.513	10.55	23.42	23.96	**16.61BCDE**
14	Sedfa	Bakterie	3.03	12.86	14.25	17.41	**11,89EF**
15	Sedfa	Bakterie	9.47	21.93	25.70	31.42	**22.13ABCD**
16	Sedfa	Drożdże	15.25	18.71	28.96	38.03	**25.24A**
17	Sedfa	Bakterie	2.777	8.64	23.73	23.33	**14.62DEF**
Kontrola			3.723	5.163	8.077	10.67	**6.908F**
Mean			**9.643D**	**14.28C**	**19.55B**	**24.65A**	

Wartość LSD A (izolaty) = 8,027, B (czas) = 2,48, AB = 6,638

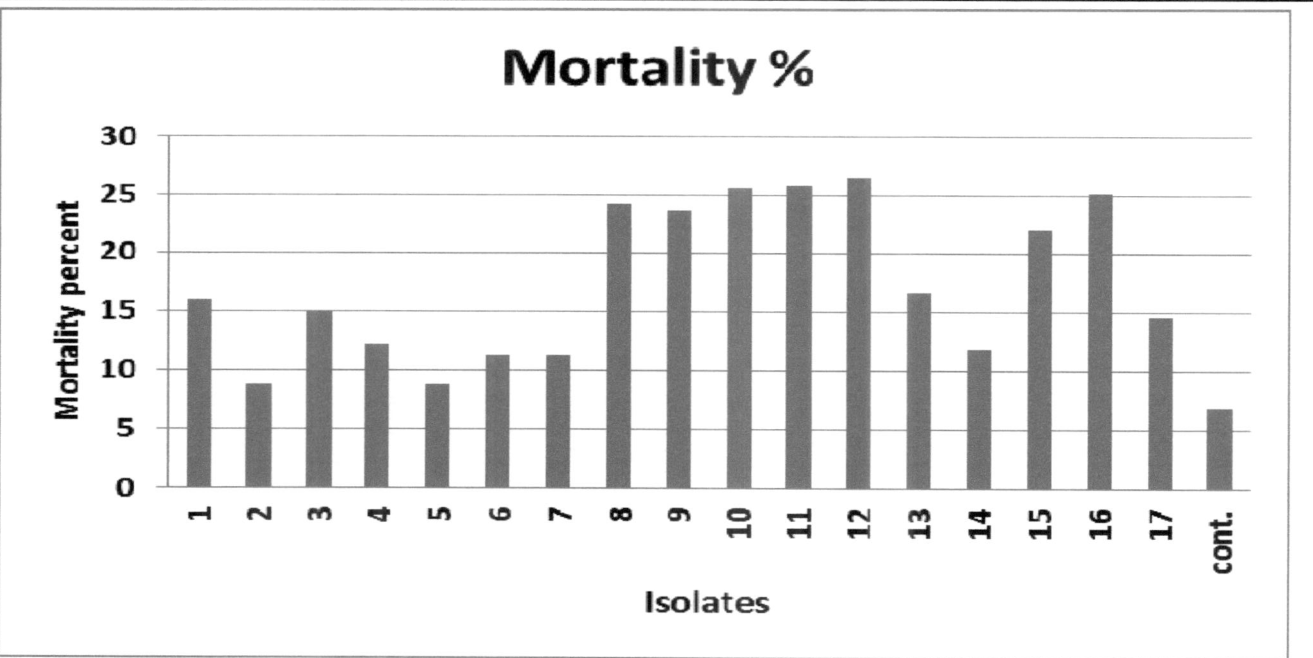

Rysunek (7): Skuteczność izolatów bakterii, aktynomiocytów i drożdży przeciwko ***M. javanica in vitro***

Identyfikacja bioagentów z wykorzystaniem cech morfologicznych i fizjologicznych:

Identyfikację najbardziej antagonistycznych izolatów bakterii, aktynomiocytów i izolatów drożdży przeprowadzono na podstawie charakterystyki morfologicznej i fizjologicznej.

Izolat grzybów identyfikacyjnych (nr 3) został ujawniony *Fusarium verticilliodes na podstawie* cech morfologicznych grzybni i zarodników opisanych przez **Bootha (1971)** i **Domscha i wsp. (1980)** i potwierdzonych przez Assiut University, Mycological Center (**AUMC**).

Dane przedstawione w **tabeli (8)** wskazują, że izolat bakteryjny (nr 10) miał kształt rodeo, niemotylowy, sportowy, Gram ujemny, hydroliza eskuliny dodatnia, produkcja lewanu dodatnia, ujemna w ureazie, upłynnianie żelatyny, hydroliza skrobi, produkcja H2S, test czerwieni mitylowej, test voges proskauer, hydroliza eskuliny i hydroliza kasynowa.

Izolat (nr 12) miał kształt rodeo, motylowy, sportowy, Gram ujemny, ureazowy pozorny i ujemny w upłynnianiu żelatyny, hydrolizie skrobi, produkcji H2S, teście czerwieni mitycznej, voges proskauer, hydrolizie eskuliny, produkcji lewanu i hydrolizie kasynowej.

Izolat aktynomiocety (nr 11) miał kształt grzybni, motylkowy, sportowy, Gram ujemny, dodatni w hydrolizie eskuliny, upłynnianiu żelatyny, hydrolizie skrobi, hydrolizie kasynowej i ureazie. ujemny w produkcji lewanu, produkcji H2S, teście czerwieni mitycznej, teście voges proskauer.

Izolat drożdży (nr 16) miał kształt owalny, nie puchnie, sportowy, Gram-dodatni, ujemny w upłynnianiu żelatyny, hydrolizie skrobi, produkcji H2S, teście czerwieni mitycznej i voges proskauer. Ale to było postive w ureazie, hydrolizie eskuliny, produkcji lewanu i hydrolizie kasynowej.

Dane z **tabeli 9** pokazały, że izolat bakteryjny (nr 10) wytwarzał kwas tylko z: glukozy, maltoz, arabinozy, celobiozy i dekstryny i nie wytwarzał kwasu ani gazu z: sacharozy, laktozy, manitolu, adenitolu, ksylozy i ominozy. Podczas gdy izolat (nr 11) wytwarzał kwas tylko z: glukozy, maltoze, manitolu, arabinozy, celobiozy, dekstryny i raminozy i nie wytwarzał kwasu lub gazu z: sacharozy, laktozy, adenitolu i ksylozy. Izolować (nr 12) produkowany kwas i gaz z maltozy. Wytwarzał kwas i nie produkował gazu z: glukozy, sacharozy, manitolu, arabinozy i ksylozy. Nie produkowała też kwasu i gazu z: laktozy, adenitolu, cellobiosee, dextrainu i raminozy.

Izolat (nr 16) wytwarzał kwas i nie produkował gazu z: glukozy, sacharozy, laktozy, maltozy, manitolu, arabinozy, adenitolu, ksylozy, celobiozy, dekstryny i raminozy.

Na podstawie uzyskanych danych oraz danych zgłoszonych przez **Kriega i Holta (1984) oraz Holta *i in.*, (1994),** można było stwierdzić, że wszystkie badane izolaty (bakterie i aktynomiocyty) zostały zidentyfikowane jako Bacterial isolate no. 10 został zidentyfikowany jako *Xenorhabdus beddingii* i wyizolować nie. 12 zostało zidentyfikowanych jako *aglomerany Pantoea,* podczas gdy aktynomiocet wyizolowany nie. 11 zostało zidentyfikowanych jako *Streptomyces halstedii.*

Według **Kurtzmana i Fell'a (1998),** aby opisać izolat drożdży nr 16 został zidentyfikowany jako *Pichia guilliermondii.*

Tabela (8): Charakterystyka morfologiczna i fizjologiczna izolatów bakterii, drożdży i aktynomiocytów.

Charakterystyka	Liczba izolatów			
	16	**12**	**11**	**10**
Kształt komórki	Jajnik	Rod	Mycelium	Rod
Mobilność	-	+	+	-
Sporulacja	+	+	+	+
Barwienie gramami	+	-	-	-
Skraplanie żelatyny	-	-	+	-
Hydroliza skrobiowa	-	-	+	-
Ureaza	+	+	+	-
Hydroliza Esculiny	+	-	+	+
H2S produkcja	-	-	-	-
Produkcja Levana	+	-	-	+
Test metylo-czerwony (MR)	-	-	-	-
Test Voges-proskauer (VP)	-	-	-	-
Hydroliza kazeinowa	+	-	+	-

+ = reakcja pozytywna

- = reakcja negatywna

Tabela (9): Fermentacja związków węgla przez izolaty bakterii, drożdży i aktynowców.

Związki węglowe		Liczba izolatów			
		16	12	11	10
Glukoza	Kwas	+	+	+	+
	Gaz	-	-	-	-
Sacharoza	Kwas	+	-	+	-
	Gaz	-	-	-	-
Laktoza	Kwas	+	-	-	-
	Gaz	-	-	-	-
Maltose	Kwas	+	+	+	+
	Gaz	-	-	+	-
Manitol	Kwas	+	+	+	-
	Gaz	-	-	-	-
Arabinoza	Kwas	+	+	+	+
	Gaz	-	-	-	-
Adenitol	Kwas	+	-	-	-
	Gaz	-	-	-	-
Xylose	Kwas	+	-	+	-
	Gaz	-	-	-	-
Cellobiose	Kwas	+	+	-	+
	Gaz	-	-	-	-
Dextrin	Kwas	+	+	-	+
	Gaz	-	-	-	-
Rahminose	Kwas	+	+	-	-

	Gaz	-	-	-	-

+ = reakcja pozytywna

- = reakcja negatywna

4-2 Skuteczność niektórych wodnych wyciągów roślinnych przeciwko *M. javanica* w doświadczeniu laboratoryjnym:

W warunkach laboratoryjnych zbadano pięć wodnych ekstraktów roślinnych (ząbki czosnku, cebulki cebuli, świeże liście bobu, świeże liście neemu i skórki owoców granatu) przeciwko larwom *M. javanica*. Z każdego ekstraktu przygotowano pięć rozcieńczeń (0, 25, 50, 75 i 100 %). Dziesięć ml z każdego rozcieńczenia i 100 J2 *M. javanica* zostały umieszczone w 10 ml petri dishs. Odsetek śmiertelności nicieni odnotowano po 12, 24, 36 i 48 godzinach ekspozycji.

Dane z **tabeli (10)** wykazały, że wszystkie ekstrakty roślinne istotnie zwiększyły śmiertelność larw nicieni, najwyższa śmiertelność wystąpiła w przypadku ekstraktu czosnku z 46,8%, następnie neemowca i cebuli z 33,13 i 31,80, a najniższa w przypadku fasoli wielokwiatowej (14,74%), a następnie granatu z (27,91%).

Dane wskazują również, że czas ekspozycji może znacznie zwiększyć wydajność tych wyciągów. Ogólnie rzecz biorąc, żywotność larw nicieni zmniejszała się wraz ze wzrostem czasu ekspozycji, a najwyższa śmiertelność występowała po 48 godzinach, a następnie 36 godzinach przy średniej śmiertelności odpowiednio 43,12 i 34,99, przy czym najmniejszą śmiertelność zaobserwowano po 12 godzinach przy średniej śmiertelności 18,23.

Koncentracja ekstraktów roślinnych może mieć istotny wpływ na skuteczność w zakresie żywotności węzłów korzeniowych, na ogół większe stężenie prowadziło do większej śmiertelności larw nicieni we wszystkich badanych ekstraktach.

Spośród wszystkich zabiegów w tym doświadczeniu stwierdzono, że największa śmiertelność larw w przypadku ekspozycji na ekstrakt z czosnku w 100 % stężeniu przez 48 godzin, a następnie 36 godzin przy średniej śmiertelności odpowiednio 100 i 92,22, miała istotny wpływ.

Tabela (10): Skuteczność niektórych wodnych ekstraktów roślinnych przeciwko *M. javanica* *in vitro*.

Ekstrakty roślinne	Koncentracje	% śmiertelności J2				Mean
		Okres narażenia (godziny)				
		12	24	36	48	
Ząbki czosnku	0	2.22de	4.45bcde	8,89-+abcd	8,89-+abcd	**46.81A**
	25	15.55[/]*-	22.25VWXYZ[	33.33QRS	37,78OPQ	
	50	22.22VWXYZ[	48.89JKL	68,89EF	74.44DE	
	75	24.45TUVWX	62.22FG	71.11E	80CD	
	100	75.55DE	82.83C	92.22B	100A	
Cebulki cebulowe	0	2.22de	4.45bcde	8,89-+abcd	8,89-+abcd	**31.80BC**
	25	8,89-+abcd	10.56]*-+abc	14.17/]*-+	16.28Z[/]*	
	50	31.09QRST	33.33QRS	34.34PQR	44.95LMN	
	75	29.28RSTU	35.83OPQR	46,67KLMN	50.59JKL	
	100	50JKL	59.31GH	71.11E	75.18DE	
Caster bean	0	0.0e	0.0e	4.67bcde	4.64bcde	**14.74D**
	25	0.0e	2.38de	4.13cde	25,50TUVW	
	50	0.0e	4.17cde	18.61XYZ[/	36,35OPQ	
	75	6.67abcde	10.97]*-+ab	22,58UVWXYZ	40.23NOP	
	100	10]*-+abc	19.60WXYZ[/	34.47PQR	49.82JKL	
Skórki owoców granatu	0	0.0e	0.0e	4.64bcde	4.64bcde	**27.91C**
	25	0.0e	9.84]*-+abc	13.23/]*-+a	26.50TUV	
	50	0.0e	25,56TUVW	34.12PQR	41.36MNO	
	75	16.67YZ[/]	44.68LMN	51.99IJK	63.92FG	
	100	26.67STUV	53.09HJK	63.25FG	78.01CD	
Neem świeże	0	0.0e	0.0e	0.0e	8.54+abcd	**33.13B**
	25	2.64de	3.85cde	7.16abcd	12.85/]*-+a	

liście	**50**	21.71VWXYZ[	23.41UVWXY	34,65OPQR	47.22JKLM	
	75	50.24JKL	53.50HIJ	57.66GHI	62.99FG	
	100	59,65GH	64.34FG	73.87DE	78.41CD	
Mean		**18.23D**	**27.18C**	**34.99B**	**43.12A**	

Wartość LSD na poziomie 5 %
Obróbka (A)= 4,071, stężenie (B)= 3,616, czas (C)= 2,140, ABC = 6,76

4-3 Skuteczność nanocząsteczek żelaza i srebra przeciwko larwom *M. javanica in vitro*:

W warunkach laboratoryjnych badano dwie nanocząstki (żelazo i srebro) przeciwko larwom *M. javanica.* Z każdego przygotowano sześć rozcieńczeń (0, 1, 5, 10, 15 i 20 ppm), a wyniki uzyskano po czterech okresach ekspozycji (12, 24, 36 i 48 godzin).

Dane w **tabeli (11)** wykazały, że odsetek śmiertelności J2 wzrastał wraz ze wzrostem stężenia i długości okresu narażenia.

Oba badane zabiegi istotnie zwiększyły śmiertelność *M, javanica* J2, w porównaniu z kontrolą.

Stwierdzono nieistotny wpływ nanocząstek żelaza i srebra na J2% *M. javanica* przy średniej śmiertelności odpowiednio 50,51 i 48,44.

Dane wskazywały również, że stężenie 20 ppm nanocząstek dawało wyższy efekt śmiertelności po 48 godz., gdzie nanocząstki srebra dawały lepszy efekt niż żelazo (odpowiednio 93,30 i 88,20), a najniższy efekt obserwowano przy stężeniu co najmniej 12 godz.

Tabela (11): Skuteczność niektórych nanocząsteczek przeciwko *M. javanica in vitro*

nanocząsteczki	Stężenie (ppm)	% śmiertelności J2				Mean
		Okres narażenia (godziny)				
		12	24	36	48	
Żelazo	0	0.0T	0.0T	3.84ST	7.17S	50.51 A
	1	31.42Q	38.20P	40.65P	50NO	
	5	51.28NO	53.17NO	55.33LMN	65.15HIJK	
	10	55.21LMN	59,65KLM	61.25JKL	67.95GHI	
	15	60.06KLM	65.48HIJK	68.12GHI	71,25EFGH	
	20	66.45HIJ	75.01DE	77.47CD	88.20AB	
Srebro	0	0.0T	0.0T	5.56ST	7.93S	48.44 A
	1	0.0T	24.14R	41.27P	48.50O	
	5	38.33P	48.67O	52.78NO	74.34DEF	
	10	51.11NO	55.58LMN	63.17IJK	66.83HIJ	
	15	54,62MNO	62.93IJK	73.94DEFG	83.36BC	
	20	64.67IJK	68.51FGHI	83.03BC	93.30A	
Mean		**39.43D**	**45.94C**	**52.20B**	**60.33A**	

Wartość LSD

Leczenie (A) = 23,65
Stężenie (B) = 5,827
Czas (C) = 2,654
ABC=6,158

5- Zarządzanie *M. javanica* z bioagentami, ekstraktami roślinnymi i żelazem

nanocząsteczki w warunkach szklarniowych:

Badano wpływ nanocząstek żelaza (20 ppm), ekstraktu wodnego z ząbków czosnku w stężeniu 100% (1:10, w/v), *P. agglomerans*, *X. beddingii*, *S. halstedii*, *P. guilliermondii* (^{105} CFU/ml) i *F. verticilliodes*, (były wysoce patogenne *in vitro*) w porównaniu z Nematexem na rozród *M. javanica w* warunkach szklarniowych.

Dane przedstawione w **tabeli 12** przedstawiają zmniejszenie liczby J2/100g gleby, liczby galaretek i liczby mas jaj/g korzeni. Redukcja została zwiększona przy użyciu bioagentu, ekstraktu roślinnego i nanocząsteczek w porównaniu z kontrolą zakaźną. Ogólnie rzecz biorąc, istniały znaczne różnice pomiędzy wszystkimi zabiegami. Największy wpływ na redukcję J2/100g gleby miały nanocząsteczki żelaza, *P. agglomerans* i nemateks - odpowiednio średnio 90,00, 85,00 i 96,67, a następnie *X. ściółka,* ekstrakt czosnkowy, *F. verticilliodes* i *P. guilliermondii* - odpowiednio średnio 148,90, 156,70, 160,10 i 141,10.

Nanocząsteczki żelaza, *X. beddingii, P. agglomerans i* nemateax miały największy wpływ na zmniejszenie liczby kulistych/g korzeni, odpowiednio średnio o 5,89, 8,22, 6,67 i 8,89, a następnie ekstraktu czosnku, *F. verticilliodes* i *P. guilliermondii średnio o* 13,56, 15,44 i 13,56.

Największy wpływ na zmniejszenie liczby mas jajecznych/g korzenia w przypadku nanocząstek żelaza, *X. beddingii, P. agglomerans* i nemateksu odpowiednio średnio 7,22, 9,33, 8,67 i 9,89, a następnie ekstraktu czosnku, *F. verticilliodes* i *P. guilliermondii* średnio 14,89, 17,56 i 14,78.

S. halstedii dała najmniejszy efekt w zmniejszeniu liczby J2/100g gleby, galaretek i masy jajowej/g korzeni, średnio odpowiednio 202,20, 21,33 i 22,11 w porównaniu z kontrolą.

Dane w **tabeli 12 wykazały** również, że wraz ze wzrostem czasu trwania doświadczenia istotnie wzrosła liczba J2/100g gleby, galaretek i masy jaj/g korzeni.

Tabela (12): Wpływ bioagentów, ekstraktów roślinnych i nanocząsteczek na rozmnażanie *M. javanica* w warunkach szklarniowych:

Zabiegi	Liczba gleb J2 / 100 g				Liczba galaretek / 1 g korzeni				Liczba mas jajecznych / 1 g korzeni			
	Godziny (dzień)				Godziny (dzień)				Godziny (dzień)			
	30	**60**	**90**	**Mean**	**30**	**60**	**90**	**Mean**	**30**	**60**	**90**	**Mean**
Nanocząsteczki żelaza	50.00L	96.67HIJ	123,3GH	**90.00D**	3.00OP	6.33LMN	8.33JKLM	**5.889E**	4.33MN	7.33JKLM	10.00HIJKL	**7.22E**
X. beddingii	80.00JKL	173,3EF	193.3CDE	**148.9C**	5.33MNO	9.00IJKL	10.33IJ	**8.222DE**	6,33LM	10.33GHIJKL	11.33GHIJK	**9.33E**
P. aglomerany	51.67L	90.00IJK	113.3HI	**85.00D**	3.667NO	6.667KLMN	9.667IJK	**6.667DE**	4.667MN	9.667IJKL	11.67GHIJ	**8.667E**
Wyciąg z czosnku	96.67HIJ	173,3EF	200.0CDE	**156.7C**	9.00IJKL	14,67EFG	17.00DEF	**13.56C**	11.33GHIJK	14,67EFGH	18.67CDE	**14.89CD**
S. halstedii	180.0DEF	203.3CDE	223.3C	**202.2B**	16.67DEF	22.00C	25.33B	**21.33B**	17.33DEF	22.67BC	26.33B	**22.11B**
F. Verticilliodes	100,3HIJ	173,3EF	206.7CD	**160.^{1C}**	11.33HIJ	16.00DEF	19.00CD	**15.44C**	12.67FGHI	16.67DEF	23.33BC	**17.56C**
P. Guilliermondii	80.00JKL	150,0FG	193.3CDE	**141.^{1C}**	9.00IJKL	14.00FGH	17.67DE	**13.56C**	10.33GHIJKL	15.00EFG	19.00CDE	**14.78D**
Nieinfekcyjn	00.00M	00.00M	00.00M	**00.00**	00.00P	00.00P	00.00P	**00.00F**	00.00N	00.00N	00.00N	**00.00F**

a kontrola				**E**								
Kontrola zainfekowana	273.3B	310.0A	323.3A	**302.2 A**	18.67D	26.67B	30.33A	**25.22A**	20.67CD	27.33AB	31.67A	**26.56A**
Nematex	60,00KL	103,0HIJ	126,7GH	**96.67 D**	5.33MNO	9.33IJKL	12.00GHI	**8.889D**	6.667KLM	9.667IJKL	13.33FGHI	**9.889E**
Wredny	**97.20C**	**147.3B**	**170.3A**		**8.20C**	**12.47B**	**14.97A**		**9.433C**	**13.33B**	**16.53A**	

Wartość LSD na poziomie 5%

Leczenie (A) = 23,84, czas (B) = 20,08 AB = 31,00	Leczenie (A) = 2,867, czas (B)=2,135 AB=3,297	Leczenie (A) = 2,764, czas (B) = 3,17 AB = 4,895

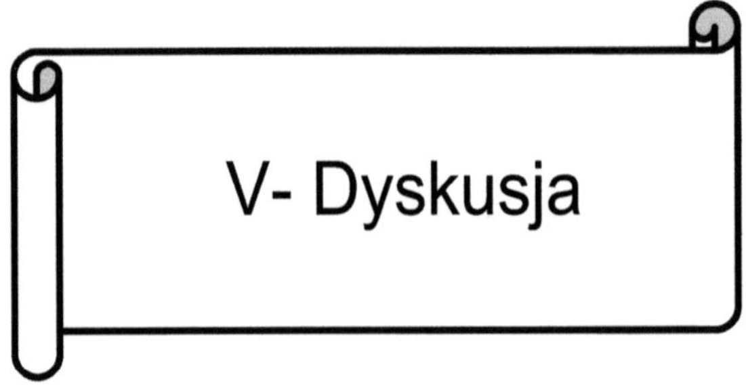
V- Dyskusja

V- Dyskusja

Roślinno-pasożytnicze nicienie są ważnymi szkodnikami na wielu subtropikalnych i tropikalnych uprawach drzew owocowych. W Egipcie nicienie pasożytnicze odgrywają ważną rolę w ograniczaniu produktywności wielu ekonomicznych upraw rolnych (**El-Nagdy, 2001**). Uszkadzają one rośliny, bezpośrednio atakując korzenie, a następnie predysponując je do wtórnego zakażenia bakteriami i grzybami. W ostatnich latach obszar upraw granatów został skurczony w Assiut Governorate z powodu ataku mątwika korzeniowego, który wyglądał jak silnie ukorzenione galaretki. Pod koniec sezonu rośliny zaczęły obumierać.

Niewielką uwagę poświęcono badaniom nad chorobą węzłów korzeniowych granatów. Badanie to zostało przeprowadzone w celu zidentyfikowania patogenu przyczynowego i zarządzania nim.

Niniejsze badanie potwierdza występowanie nicieni korzeniowych (*Meloidogyne* spp.) związanych z sadami granatowymi w gubernatorze Assiut. Wyniki analiz próbek gleby i korzeni pobranych z sadów granatowych w pięciu różnych miejscowościach (Sahel-Selim, El-Badary, El-Fath, Sedfa i Manfalout) wykazały, że 490 z 500 próbek zostało zaatakowanych przez nicienie korzeniowe wykazujące 98% porażenia. Maksymalne próbki (100%) porażonych nicieni korzeniowych stwierdzono w El-badary, El-Fath i Manfalout, natomiast minimalne porażenie (94%) zaobserwowano w Sahel-Selim. Kilku badaczy zgłosiło nicieniowatych jako ważnego szkodnika atakującego sady granatów w różnych krajach (**Hashim, 1983**) w Jordanii, **Siddiqui i Khan (1986)** w Libii, **Khan *i in.*, (2005)** oraz **Khan i Shaukat (2010)** w Pakistanie.

Izolaty nicieni sadzonek, które zebrano z pięciu miejsc uprawy granatu w gubernatorze Assiut, zidentyfikowano za pomocą identyfikacji morfologicznej (wzorce krocza), a następnie wykorzystano marker oparty na PCR do dalszego potwierdzenia.

Mikroskopowe badanie wzorców krocza samic, które zostały ręcznie pobrane z zainfekowanych korzeni granatu, wykazało cechy typowe dla *M. javanica*. Gatunek ten był dominujący we wszystkich próbkach granatów pobranych z pięciu powiatów. Istotne cechy diagnostyczne wzorców krocza *M. javanica*, podsumowane jako niski i zaokrąglony łuk grzbietowy, zawierają boczne grzbiety, które dzielą wzór na grzbietowe i brzuszne regiony lub rozstępy. Rozstępy były szorstkie i gładkie do lekko pofalowanych i ogonowych końcówek często z wyraźnym okółkiem Takie wyniki są zgodne z **Eisenback *i in.*, 1981.**

M. javanica była zdominowana przez sady granatowe, jak podają **Siddiqui i Khan (1986)** w Libii oraz **McSorley (1992)** w Indiach w sadach granatowych. Wynik ten jest niezgodny z **Khan *et al.*, 2005** oraz **Khan i Shaukat, 2010**, gdzie *M. incognita* był najbardziej dominującym gatunkiem w Pakistanie.

Obecność *M. javanica* jest wymieniana jako najczęstszy gatunek *Meloidogyne* w regionach tropikalnych i subtropikalnych **(Taylor i Sasser, 1978; Moens *i in.*, 2009),** podobnie jak w Egipcie, gdzie roczne temperatury wahają się między 17-32°C.

Badanie PCR dla pięciu izolatów nicieni za pomocą specyficznego primera SCAR Fjav/Rjav wyraźnie wykazało specyficzny fragment DNA o wartości 670 bp, co w przypadku *M. javanica było zgodne* z wynikami **Zijlstra *et al.* (2000)**, **Devran i Söğüt (2009), Naz *et al.* (2012)**, **Meng *et al.* (2004)** i **Mwesige *et al.* (2016)**. Konsekwentnie, *specyficzne dla M. javanica* podkłady MJ-F/MJ-R wygenerowały produkt SCAR w ilości 517 bp. In accordance **Song *et al.* (2017)** have extracted DNA from a single J2 hatched from egg masse and used the MJ-F/MJ-R primers to further confirm species identification. Stwierdzili oni, że produkty PCR wytwarzały fragment o długości 517 pb (przystąpienie do GenBank nr KX646189), który był identyczny z wcześniej zgłoszonymi dla *M. javanica*. Markery SCAR są powszechnie stosowane w analizie genomowej i szeroko stosowane do identyfikacji molekularnej nicieni korzeniowych w celu potwierdzenia identyfikacji morfologicznej oraz identyfikacji nieznanych izolatów (**Zijlstra *i in.* , 2000; Randig i in. , 2002; Devran i Sōğüt, 2009; Jones *i in.* , 2009; Naz *i in.*, 2012; Akyazi i felek, 2013**).

Identyfikacja na podstawie cech morfologicznych i reakcji rośliny żywicielskiej jest czasochłonna i wymaga dużego nakładu pracy. Analiza izozymów jest skuteczną metodą, którą można przeprowadzić tylko u samic *Meloidogyne* spp. (**Esbenshade i Triantaphyllou, 1990**). Zastosowanie znaków morfologicznych tylko u osobników płci żeńskiej jest czynnikiem ograniczonym, trudnym i może podlegać wpływom czynników środowiskowych. Jednak techniki molekularne oparte na DNA mogą być stosowane na każdym etapie cyklu życia nicieni, są szybkie i niezawodne (**Devran i Sōğüt, 2009**). W przypadku identyfikacji molekularnej gatunków, charakterystyczna sekwencja genomowego DNA różnych gatunków powinna się różnić, aby umożliwić rozgraniczenie gatunków, ale jednocześnie nie powinno być różnic w obrębie gatunku (**Blok i Powers, 2009; Devran i Sōğüt, 2009**).

Podsumowując, jasne jest, że wyniki badania wzorów wieloletnich i analizy molekularnej były ze sobą zgodne, co sugeruje, że identyfikacja molekularna przy użyciu markerów SCAR może być wykorzystana jako narzędzie uzupełniające wraz z identyfikacją morfologiczną nicieni korzeniowych.

Badano wrażliwość czterech odmian granatu (Manfalouty, Assiuty, H116 i Wonderful) na nicień-korzeń, *M. javanica* w warunkach szklarniowych. Dane wykazały, że nicień może dobrze wnikać i rozmnażać się na korzeniach granatu, ale w różnym stopniu w zależności od odmiany.

W badaniach tych wyniki wykazały, że odporność na *M.* javanica wykazywana przez odmiany H116 i Wonderful, ponieważ może opóźniać rozwój populacji J2, tak że końcowa populacja J2, oprócz wzrostu roślin i rozwoju korzeni, była lepsza w porównaniu z innymi odmianami. Assiuty był umiarkowanie odporny, ponieważ opóźnienie było mniejsze, podczas gdy odmiana Manfalouty była podatna na taką reakcję może wynikać z tolerowanego rozrodu *M. javanica*, co spowodowało wzrost ostatecznej populacji J2, rozwój korzeni i wzrost roślin.

W tym zakresie nie ma badań nad wrażliwością odmian granatów na nicieniowate. Jednak **Shelke i Darekar (2000)** ocenili 35 genotypów granatów na *M. incognita* rasy 2 i stwierdzili, że żaden z 35 genotypów granatów nie był odporny na *M. incognita, a* jedynie 7 genotypów było umiarkowanie odpornych.

Podsumowując, niektóre odmiany granatów mają odporność na atak *M. javanica na* różnych poziomach. H116 i wspaniałe odmiany wykazały odporną reakcję na *M. javanica.*

Działanie filtratów z hodowli grzybów na *M. javanica* badano w warunkach laboratoryjnych, filtrat z hodowli *Fusarium verticilliodes* był najwyższy w procentach śmiertelności *M. javanica.*

Filtry z hodowli wielu grzybów mają działanie przeciw nicieniom, a ich nicieniowe działanie może wiązać się z produkcją toksycznych metabolitów przez grzyby **(Caroppo *i in.*, 1990; Singh *i in,* 1991; Hallmann i Sikora, 1996; Nitao *et al.*, 1999; Kusano *et al.*, 2000, 2003;**

Nakahara *et al.*, **2004; Kanai** *et al.*, **2004; Heydari** *et al.*, **2006; Hayashi** *et al.*, **2007; Liu** *et al.*, **2008; Du** *et al.*, **2009).**

Naturalne produkty grzybowe są bardzo obiecującymi potencjalnymi źródłami nowych środków chemicznych do zwalczania nicienia pasożytniczego (**Anke i Sterner, 1997**).

Gatunki *Aspergillius, Penicillium, Trichoderma, Fusarium, Paecilomyces* i *Alternaria* wytwarzają toksyny i antybiotyki, takie jak aflatoksyny, penicylina, virdin, kwas fuzarynowy, lilakina i fito-alternaryna (**Nafe-Roth, 1972; Arai** *i in.*, **1973; Wheeler, 1975; Ghewande** *i in.*, **1984**). Niekorzystny wpływ filtratów kulturowych kilku grzybów na wylęganie i śmiertelność nicieni korzeniowych został zgłoszony przez **Mankau, 1969; Shukla i Swarup, 1971; Khan** *i in.*, **1984; Nitao** *i in.*, **1999, 2001; Meyer** *i in.*, **2004; Sun** *i in.*, **2006).**

Nieliczne inwestycje dotyczące wpływu toksyn Fusarium na pasożytnicze nicienie roślinne zostały zgłoszone, **Mani i Sethi (1984)** pracujący z filtrami hodowlanymi *F. solani zgłosili* zmniejszenie wylęgu i mobilności *M. incognita.* **Fattah i Webster (1983)** zaobserwowali zahamowanie rozwoju *M. javanica* w korzeniach skolonizowanych przez *F. oxysporum* f. sp. *Lycopersici.*

Śmiertelność *M. javanica* wzrasta po wydłużeniu okresu ekspozycji, przy czym procent śmiertelności po 48 h i 36 h był najwyższy, a następnie 24 i 12 h.

W badaniach *in vitro* badano wpływ izolatów bakteryjnych, aktynomiocytów i drożdży wyizolowanych z kłącza granatu na J2 % *M. javanica.* Wyniki wykazały, że najwyższy procent śmiertelności obserwowano u *aglomeratów Pantoea* (26,52), *Streptomyces halstedii* (25,82), *Xenorhabdus beddingii* (25,59) i *Pichia guilliermondii* (25,24) z nieistotnymi różnicami. W kilku raportach odnotowano, że tłumienie

Meloidogyne sp. przez różne ryzobakterie, takie jak *Pseudomonas fluorescens (Siddiqui* **i Mahmood, 1999; Siddiqui *i in.*, 2001; Hashem i Abo-Elyousr, 2011),** *Bacillus* sp. **(Siddiqui i Mahmood, 1999; Giannakou *i in,* 2007)**, *Rhizobium* sp. **(Akhtar i Siddiqui, 2008)**, ale nie przeprowadzono badań nad biologicznym zwalczaniem tego patogenu za pomocą *P. agglomerans* i *X. beddingii. P. agglomerans* **(Cook and Baker, 1983).** Podczas gdy **Vasebi *i wsp.*** **(2015)** zgłosili, że istnieje środek biokontroli stosowany przeciwko innym patogenom roślin.

Duża liczba mikroorganizmów glebowych jest zdolna do wytwarzania sideroforów **(Misaghi *i in.*, 1988)**. Wysoka zdolność *P. aglomeransów do* produkcji boczniaków w pożywce CAS-agar potwierdza, że ta grupa bakterii wyewoluowała systemy wychwytywania żelaza o wysokim stopniu powinowactwa w celu przeniesienia żelaza do komórki.

Eksperymenty *in vitro*, testowany *P. guilliermondii* wydaje się być obiecującym czynnikiem biokontroli. Chociaż nie udało nam się określić dokładnego mechanizmu ochrony przed chorobą przez ten szczep, można postawić hipotezę, że ograniczenie choroby może być przypisane bezpośredniemu działaniu metabolitów, które powodują śmiertelność w J2, lub że może mieć również wzmocniony mechanizm obrony gospodarza w korzeniach, które opierają się inwazji i w konsekwencji infekcji patogenem **(Hashem *i in.*, 2008; Hashem i Abo-Elyousr, 2011).**

Saccharomyces serevisiae to obiecująca roślina wspierająca wzrost różnych upraw, jak opisuje **Karajeh (2013).** *S. cerevisiae* badano jako czynnik biokontroli nicieni korzeniowych u **Neuera i Hasabo (2005); Karajeh (2013) oraz Mokbel i Alharbi (2014)**. Wykazały one, że drożdże ograniczały tworzenie się galaretki korzeniowej, masę jajową i zdolność reprodukcyjną nicieni oraz wpływały na wzrost roślin i plon owoców. Wysoka zawartość całkowitego fenolu i nadtlenku wodoru w korzeniach roślin poddanych działaniu *S. cerevisiae* daje wskazówkę co do zdolności drożdży do wywoływania odporności roślin (**Karajeh, 2013**).

O postępowaniu z nicieniem korzeniowym przez *Streptomyces* sp. wspominało wielu badaczy. Aktynomiocety wzmacniały wzrost roślin, zwiększały plon owoców i hamowały rozwój kiełków korzeniowych (**Jonathan, 2000; Rajeswari i Ramakrishnan, 2015**). Filtry z hodowli aktynomiocytów wykazywały zmienną odpowiedź na wyklucie się z jaj i śmiertelność nicieni korzeniowych (**Helal *i in.*, 2016).**

Filtrat z hodowli na zoptymalizowanym podłożu *Streptomyces fradiae* powodował wyższy stopień zahamowania wylęgu jaj oraz śmiertelność *M. incognita na poziomie* J2. Skuteczność zoptymalizowanego podłoża wobec *M. incognita związana jest* z większą produkcją wtórnych metabolitów po maksymalizacji kolonizacji (**Rajeswari i Ramakrishnan, 2015**).

Streptomyces sp. CMU-MH021 zmniejszył wylęg jaj i zwiększył śmiertelność młodych ludzi. Szczep ten charakteryzował się wysoką aktywnością w stosunku do badanych grzybów i wysoką zdolnością do produkcji IAA i siderophore (**Ruanpanun *i in.* , 2010**).

Badanie *in vitro* różnych stężeń pięciu wyciągów roślinnych (czosnek, cebula,

do cotrollingu *M. javanica została* założona. Wyniki wykazały, że najlepsze stężenie ekstraktów powoduje wyższą śmiertelność *M. javanica* w 100%. Wszystkie wyciągi wykazywały istotne różnice w zabijaniu larw w porównaniu z leczeniem kontrolnym. Wyciąg z czosnku był skuteczniejszy w stosunku do J2 nicieni przy standardowym stężeniu (100%), a następnie ekstrakty wodne z

Neema, cebuli, granatu i fasoli szparagowej Również śmiertelność wzrasta po wydłużeniu czasu ekspozycji. Oznacza to, że ekstrakty roślinne mogą bardzo szybko zabijać nicienie. Takie wyniki są zgodne z wynikami podanymi przez **Korayem *et al.*, (1993)**. Konklodowały one, że czas ekspozycji i stężenie ekstraktów może zwiększyć śmiertelność larw nicieni.

Wyniki te są zgodne z ustaleniami **Korayem *et al.* (1993)** o *Punica granatum* i *Ricinus commins*, **Agbenin *et al.* (2005); Abo-Elyousr *et al.* (2010)** o *Allium sativum* i *Azadirachta indica* wyciągów na temat śmiertelności larw nicieni. Średnie porównania interakcji między stężeniem a zabiegami na poziomie śmiertelności larw wykazały, że stężenie 100% natrysku czosnku daje większy efekt niż stężenie 100% Caster bean. Stężenie S/4 Neema wykazywało najniższy efekt.

Wyniki te są zgodne z wynikami uzyskanymi przez **Agbenin *et al.* (2005)**. Zgłosili oni, że stosowanie roślin aromatycznych i leczniczych, jako zmian w glebie, znacząco wyeliminowało kilka gatunków fitonematodów. Zdolność ekstraktów roślinnych do hamowania i zwalczania chorób roślin wynika z niektórych naturalnych związków, takich jak sterole, saponiny, taniny, alkaloidy i flawonoidy (**Mousa *i in.*, 2011**).

Adegbite (2011) wykazał, że ekstrakt z liści neemu był najskuteczniejszym inhibitorem wylęgania się jaj *M. incognita*. Można zatem stwierdzić, że ekstrakty roślinne można uznać za środek kontroli biologicznej, który może zmniejszać aktywność fitonematodów. Co więcej, wydają się one również być bezpieczniejszą i stosunkowo tanią metodą zarządzania nicieniami. Wyniki te są zgodne z porozumieniem z **Khalil *et al.* (2012)**.

Badanie to dostarczyło dowodów na to, że nanocząsteczki srebra (AgNP) i żelaza (FeNP) mają przydatność w zarządzaniu nicieniowatością korzeni w sadach granatowych. Efekt nicieniowy AgNP został po raz pierwszy przetestowany przez **Ardakani (2013)** przeciwko nicieniom pasożytniczym.

Nicieniowy efekt AgNP przeciwko nicieniowi korzeniowemu prawdopodobnie odnosi się do innych rodzajów nicieni parzystokopytnych, a także do roślin-patogenicznych grzybów, ponieważ jego sposób działania nie jest specyficzny, ale związany z zakłóceniem wielu mechanizmów komórkowych, w tym przepuszczalność błon, synteza ATP i odpowiedź na stres oksydacyjny w obu eukariotycznych (**Roh *i in*, 2009; Ahamed *i in*., 2010; Lim *i in*., 2012**) oraz komórki prokariotyczne (**Sondi i Salopek-Sondi, 2004; Morones *i in*., 2005; Lok *i in*., 2006; Choi i Hu, 2008**). Z tego powodu AgNp jest środkiem przeciwdrobnoustrojowym o szerokim spektrum działania, zdolnym do oddziaływania na patogenne bakterie i grzyby roślinne (**Park *i in*., 2006; Jo *i in*., 2009**).

Badania wykazały, że stężenie nanocząsteczek i okres ekspozycji wpływały na procentową śmiertelność nicieni korzeniowych. Najwyższy procent śmiertelności zaobserwowano po 48 godzinach i wysokim stężeniu (20 ppm).

Cromwell *i in*. (2014) stwierdzili, że trawa poddana działaniu AgNp staje się bardziej tolerancyjna na uszkodzenia nicieni korzeniowych. AgNp został uznany za bezpieczny, ponieważ nie powoduje żadnej wykrywalnej fitotoksyczności, nawet przy częstym stosowaniu w okresie wegetacyjnym.

Nanocząsteczki Ag mogą być uważane za bezpieczne dla środowiska i skuteczne alternatywy dla nicieni przeciw nicieniom korzeniowym (**Cromwell *i in*., 2014; Nassar, 2016**). **Burke *i in*. (2015)** zauważyli, że nanocząsteczki żelaza zwiększyły wzrost roślin i zawartość węgla w liściach. Ponadto ujemnie naładowany zwiększał zawartość fosforu w liściach soi, przenoszenie Fe do tkanek liści i zmniejszał kolonizację korzeni kłączy w stosunku do dodatnio naładowanego FeNP.

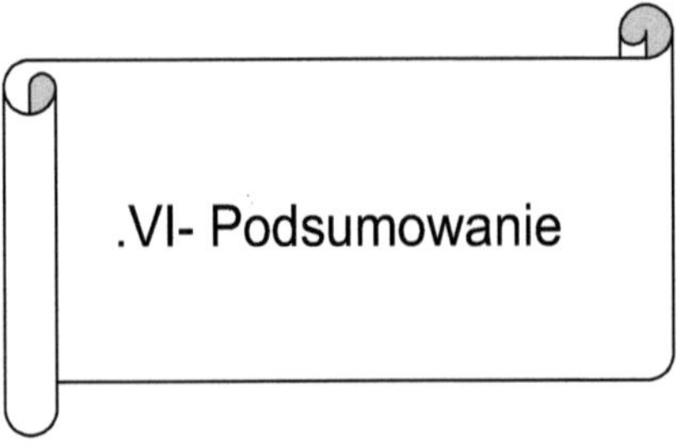
.VI- Podsumowanie

VI- Podsumowanie

Niniejsza praca została przeprowadzona w celu zbadania następujących głównych punktów:

1. Badania ankietowe dotyczące nicieni korzeniowych związanych z sadami granatowymi na niektórych obszarach gubernatorstwa Assiut, w warunkach polowych.
2. Identyfikacja nicieni korzeniowych za pomocą wzorów krocza i markerów specyficznych dla danego gatunku (SCAR)
3. Reakcja żywiciela niektórych odmian granatu; H116, Manfalouty, Assiuty i Wonderful na zakażenie *M. javanica* w warunkach szklarniowych.
4. Izolacja i identyfikacja niektórych bioagentów, które mają wpływ na *M. javanica* w warunkach laboratoryjnych i szklarniowych.
5. Wpływ niektórych wyciągów roślinnych na *M. javanica* w warunkach laboratoryjnych i szklarniowych.
6. Wpływ niektórych nanocząsteczek na *M. javanica* w warunkach laboratoryjnych i szklarniowych.

Wyniki naszych badań można podsumować w następujący sposób:

1- Łącznie zebrano 500 próbek gleby i korzeni z pięciu powiatów: Sahel-Selim, El-Badary, Manfalout, Sedfa i El- Fath uprawianych z kulturą Manalouty. Wyniki wykazały, że we wszystkich pobranych próbkach znaleziono nicień korzeniowy o różnej gęstości populacji.

2- Wzorce perineralne i marker oparty na PCR (SCAR) wykazały, że *jawanica Meloidogyne* jest dominująca we wszystkich sadach granatowych.

3- Badania wrażliwości niektórych odmian granatu na *M. javanica wykazały*, że odmiany granatu różniły się wrażliwością na *M. javanica.*

Gdzie, H116 i Wspaniałe odmiany były odporne, podczas gdy Manfalouty była podatna.

4- Z ryzosfery zdrowej rośliny granatu wyizolowano 29 izolatów grzybów, 12 izolatów bakterii, 4 izolaty drożdży i jeden izolat aktynomiocytów.

5- Przeprowadzono *badania in vitro przesączu z* hodowli grzybów, drożdży, bakterii i aktynomiocytów pod kątem odsetka śmiertelności J2.

- Filtrat z hodowli grzybów z izolatów nie. 3, 10 i 2 dawały najwyższy procent śmiertelności J2.
- Bakterie izolują nie. (10, 8, 9 i 15), drożdże nie. (16) i actinomyces no. (11) wykazała wysoką śmiertelność na poziomie J2 procent.
- W tym doświadczeniu procent śmiertelności J2 wpływał na czas ekspozycji na filtrat z hodowli grzybów lub antagonistyczne izolaty.

6- Zidentyfikowano najlepsze antagonistyczne izolaty i filtraty kultur grzybów pobrane z nich przeciwko *M. javanica. Izolat* grzybów (nr 3) zidentyfikowany jako *Fusarium verticilliodes*, izolaty bakterii (nr 10 i 12) to *Xenorhabdus beddingii* i *Pantoea agglomerans,* izolat drożdży (nr 16) to *Pichia guilliermondii*, a izolat aktynomiocetów (nr 11) to *Streptomyces halstedii.*

7- Ekstrakty roślinne w różnych stężeniach (25, 50, 75 i 100%) badano w celu kontroli *M. javanica in vitro*. Wszystkie zabiegi istotnie zmniejszyły żywotność J2, a wyciąg z ząbków czosnku stanowił najwyższy procent śmiertelności, a następnie neem, natomiast fasola wielokwiatowa była najmniejsza. Istniała znacząca różnica między stężeniami ekstraktów i procentem śmiertelności, przy czym najlepsze stężenie każdego z nich wynosiło 100%. Co więcej, okres narażenia wpłynął na procentowy udział śmiertelności. Najwyższy odsetek śmiertelności J2 odnotowano po 48 godzinach.

8- Wpływ nanocząstek żelaza i srebra na *M. javanica w* różnych stężeniach (1, 5, 10, 15 i 20 ppm) badano *in vitro*. Najlepsze stężenie każdej nanocząstki dawało wysoki procent śmiertelności J2 przy 20 ppm. Nie było znaczącej różnicy pomiędzy nanocząsteczkami żelaza i srebra w stosunku do odsetka śmiertelności J2.

9- W warunkach szklarniowych, *F. verticilliodes, P. agglomerans, X. beddingii, P. guilliermondii, S. halstidii,* ekstrakt czosnkowy, nanocząsteczki żelaza i nemateks zostały znacząco dotknięte populacjami *M. javanica.*

10- *P. aglomerany,* nanocząsteczki żelaza i Nemateax przyczyniły się do znacznego zwiększenia redukcji liczby *M. javanica* J2.

11- Nanocząsteczki żelaza zmniejszyły liczbę kielichów korzeniowych, a następnie *X. beddingii* i *P. agglomerans* w warunkach szklarniowych.

12- Nanocząsteczki żelaza, *X. beddingii, P. agglomerans* i Nemateax zmniejszyły liczbę mas jajecznych.

VII- CYTOWANA LITERATURA

VII- CYTOWANA LITERATURA

Abdul Rahman, S. A. S.; S. N. M. Zain; M. Z. B. Mat; A. K. Sidam; R. Y. Othman i Z. Mohamed (2014). Rozmieszczenie populacji nicieni parzystokopytnych bananów na Półwyspie Helskim w Malezji. Sains Malaysiana, 43(2): 175- 183.

Abo-Elyousr, K. A.; Z. Khan; M. E. Award i M. F. Abedel-Moneim (2010). Ocena ekstraktów roślinnych i *Pseudomonas* spp. do kontroli nicieni korzeniowych, *Meloidogyne incognita* na pomidorze. Nematropica, 40 (2): 289- 299.

Abrantes, I. M. O. i M. S. N. A. Santos (1989). Technika przygotowania wzorów krocza nicieni korzeniowych do skanowania mikroskopii elektronowej. Journal of Nematology, 2(1): 138- 139.

Adegbite, A. A. (2011). Działanie niektórych autochtonicznych ekstraktów roślinnych jako inhibitorów wylęgania się jaj w nicieni korzeniowej (*Meloidogyne incognita* rasa 2). American Journal of Experimental Agriculture, 1 (3): 96- 100.

Agbenin, N. O.; A. M. Emechebe; P. S. Marley i A. D. Akpa (2005). Ocena działania nematycznego niektórych związków botanicznych na *Meloidogyne incognita in vivo* i *in vitro*. Journal of Agriculture and Rural Development in the Tropics and Subtropics, 106 (1): 29-39.

Ahamed, M.; R. Posgai; T. J. Gorey; M. Nielsen; S. M. Hussain i J. J. Rowe (2010). Nanocząsteczki srebra wywołały szok cieplny białka 70, stres oksydacyjny i apoptozę w *Drosophila melanogaster*. Toksykologia i Farmakologia Stosowana, 242: 263- 269.

Akhtar, M. S. i Z. A. Siddiqui (2008). Biokontrola kompleksu chorób korzeniowych ciecierzycy ciecierzycy przez *Glomus intraradices, Rhizobium* sp. i *Pseudomonas straita*. Crop Protection, 27: 410- 417.

Akyazi, F. i A. F. Felek (2013). Identyfikacja molekularna nicieni korzeniowej *Meloidogyne incognita* z sadów owocowych kiwi w prowincji Ordu w Turcji. Türk. Entomol. Derg., 37 (4): 449- 456.

Anke, H. i O. Sterner (1997). Metabolity nematyczne z wyższych grzybów. Curr. Org. Chem., 1: 361- 374.

Arai, T.; Y. Mikamy; K. Fukushima; T. Utsumi i K. Kazawa (1973). Nowy antybiotyk, leukostatyna, pochodzący z Pencillium lilacinum. J. Anitibiol. Tokio, 26: 157-61.

Ardakani, A. S. (2013). Toksyczność nanocząsteczek srebra, tytanu i krzemu na nicień-korzeń, *Meloidogyne incognita* i parametry wzrostu pomidora. Nematologia, 15 (6): 671- 677.

Atamian, H. S.; P. A. Roberts i I. Kaloshian (2012). Ekrany o wysokiej i niskiej przepustowości z nicieniami korzeniowymi *Meloidogyne* spp. Dziennik eksperymentów wizualizacyjnych, 61: 1-6.

Baermann, G. (1917). Prosta metoda wykrywania larw ankylostomum (nicieni) w próbkach gleby. Geneesk Tijdschr. Ned-Indie, 57: 131-137.

Bajestani, M. S.; K. Dolatabadi i E. Mahdikhani-Moghadam (2017). Wpływ leczniczych wyciągów roślinnych na inokulowane *Meloidogyne javanica* w pomidorze. Pakistan Journal of Nematology, 35 (1): 73- 78.

Baritt, M. M. (1936). Nasilenie reakcji Voges-Proskaur przez dodanie alfa nafty. J. Pathol. Bakteriol, 42: 441.

Blok, V.C. i T.O. Powers (2009). Identyfikacja biochemiczna i molekularna. W: Perry R.N.; M. Moens; J.L. Starr (eds.). Węzeł korzeniowy Nicienie. Wallingford/UK, CABI Publishing.

Booth, C. (1971). Grzybicze Media Kulturalne. W: Metody w Mcirobiology Booth, C. (Eds). (Academic Press; Londyn), 4: 67.

Burke, D. J.; N. Pietrasiak; S. F. Situ; E. C. Abenojar; M. Porche; P. Kraj; Y. Lakliang i A. C. S. Samia (2015). Wpływ nanocząsteczek tlenku żelaza i dwutlenku tytanu na wydajność roślin i mikroorganizmów związanych z korzeniami. Int. J. Mol. Sci., 16: 23630- 23650.

Burrows, P. R. (1990). Wykorzystanie DNA do identyfikacji pasożytniczych nicieni roślinnych. Streszczenia nematologiczne, 59(1): 1-8.

Carneiro, R. M. D. G. i J. C. Cayrol (1991). Związek między zagęszczeniem inokulum grzybów nicieniowych *Paecilomyces lilacinus* a kontrolą *arenarii meloidoginowej* na pomidorze. Revue Nématol., 14: 629- 634.

Carneiro, R. M. D. G.; M. S. Tigano; O. Randig; M. R. A. Almeida i J. Sarah (2004). Identyfikacja i różnorodność genetyczna *Meloidogyne* spp. (Tylenchida: Meloidogynidae) na kawie z Brazylii, Ameryki Środkowej i Hawajów. Nematologia, 6(2): 287- 298.

Carneiro, R. M. D. G.; P. A. Cirotto; A. P. Quintanilha; D. B. Silva i R. G. Carneiro (2007). Odporność na *Meloidogyne mayaguensis* u *Psidium* spp. i ich zgodność szczepienia z *P. guajava* cv. Paluma. Fitopatologia Brasileira, 32 (4): 281- 284.

Caroppo, S.; B. Perito i O. Pelagatti (1990). Ocena *in vitro* aktywności nicieniowej kilku grzybów przeciwko jajom *Meloidogyne incognita.* Redia, 73: 451-462.

Chedekal, A. (2013). Wpływ czterech wyciągów z liści na wylęganie się jaj i śmiertelność młodocianych nicieni węzłowych *Meloidogyne* *incognita*. International Journal of Advanced life sciences, 6 (1): 68-74.

Chou, H. i Y. Chen (2011). Zastosowanie aktynomiocetów glebowych i roślin odstraszających w celu zwalczania chorób guawy. Biuletyn Badawczy K. D. A. R. E. S., 20 (2): 11- 21.

Choi, O. i Z. Hu (2008). Zależna od wielkości i reaktywnych form tlenu toksyczność nanosrebra dla bakterii nitryfikacyjnych. Środowisko. Sci. Technol., 42(12): 4583- 4588.

Christensen, P. (1977). Synonim *Flavabacterium pectinovorum* Dorey z *cytophage Johnsonae* staniar. International J. of systematic Bacteriology, 27: 127-132. (C. F. Lelliott i Stead, 1987).

Cofcewicz, E. T.; R. M. D. G. Carneiro; O. Randig; C. Chabrier i P. Queneherve (2005). Różnorodność *Meloidogyne* spp. na muzach w Martinque, Gwadelupie i Gujanie Francuskiej. Journal of Nematology, 37 (3): 313- 322.

Cook, R. J. i K. F. Baker (1983). Charakter i praktyka biologicznej kontroli patogenów roślinnych. APS, St. Paul, MN, s. 539.

Cromwell, W. A.; J. Yang; J. L. Starr i Y. Jo (2014). Nematyczne działanie nanocząsteczek srebra na nicień korzeniowy w bermudagrasie. Journal of Nematology, 46 (3): 261- 266.

Cruickshank, R., J. P. Duguid, B. P. Marmion i R. H. A. Swain (1975). Mikrobiologia medyczna, 12 ed. Wydanie V.2, Churchill Livingstone Publishing Company, Edinbragh. Londyn i Nowy Jork, 587 stron.

Daramola, F. Y.; J. O. Popoola; A. O. Eni i O. Sulaiman (2015). Charakterystyka nicieni korzeniowych (*Meloidogyne* spp.) związanych z *Abelmoschus esculentus, Celosia argentea* i *Corchorus olitorius*. Asian Journal of Biological Sciences, 8 (1): 42-50.

Devran, Z. i M. A. Sõğüt (2009). Rozmieszczenie i identyfikacja nicieni korzeniowych z Turcji. Journal of Nematology, 41 (2): 128- 133.

Dhingra, O.D. i J.B. Sinclair (1995). Basic plant pathology method second edition, Lewis Publishers, CRC Press, USA, 400-450.

Dowson, W. J. (1957). Choroba roślin spowodowana przez bakterie, druga edycja Cambridge University Press.

Du, L.; D. Li; T. Zhu; S. Cai; F. Wang; X. Xiao i Q. Gu (2009). Nowe alkaloidy i diterpeny z głębokiego osadu oceanicznego pochodzące z grzyba *Penicillium* sp. tetrahedron, 65 (5): 1033- 1039.

Eisenback, J. D.; H. Hirschmann i A. c. Triantaphyllou (1980). Morfologiczne porównanie struktur głowy kobiety *Meloidogyne*, wzorów i stylizacji krocza. Journal of Nematology, 12 (4): 300- 313.

Eisenback, J. D.; H. Hirschmann; J. N. Sasser i A. c. Triantaphyllou (1981). Przewodnik po czterech najczęstszych gatunkach nicieni korzeniowych (*Meloidogyne* spp.), z kluczem obrazkowym. International *Meloidogyne* project, the Department of Plant Pathology and Genetics North Carolina, United State, part 3: 22-26Pp.

El-Hadadad, M. E.; M. I. Mustafa; S. M. Selim; A. E. A. Mahgoob; T. S. El-Tayeb i Norhan H. Abdel Aziz (2010). Ocena *in vitro* niektórych izolatów bakteryjnych jako biofertilizatorów i środków biokontroli wobec młodych osobników drugiego stadium *Meloidogyne incognita*. World J. Microbiol. Biotechnol., 26: 2249- 2256.

El-Nagdi, Wafaa A. (2001). Badania nad nicieniami bananowymi w Egipcie. Doktorat, Fac. Z Agric. Cairo Univ., Egipt.

El-Nagdi, Wafaa M. A. i M. M. A. Youssef (2013). Skuteczność porównawcza wodnych ekstraktów z ząbków czosnku i nasion rącznika przeciwko nicieniowi korzeniowemu, *Meloidogyne incognita* infekującemu rośliny pomidora. Journal of Plant Protection Research, 53 (3): 285- 288.

El-Nagdi, Wafaa M. A.; M. M. A. Youssef i M. G. Dawood (2014). Skuteczność ekstraktów wodnych z ząbka czosnku i olejku przeciwko bakłażanowi zakażającemu *Meloidogyne incognita.* Pakistan Journal of Nematology, 32 (2): 223-228.

Esbenshade, P. R. i A. C. Triantaphyllou (1990). Fenotypy izozymów do identyfikacji gatunków *Meloidogyne.* Journal of Nematology, 22:10-15.

Fattah, F. i J. M. Webster (1983). Zmiany ultrastrukturalne wywołane przez *F. oxysporum* f.sp. *lycopersici* u *M. javanica* spowodowały powstanie olbrzymich komórek u odpornych i wrażliwych odmian pomidora Fusarium. Journal of Nematology, 15: 128-135.

Fraizer, W. C. i E. M. Foster (1959). Podręcznik laboratoryjny dotyczący mikrobiologii żywności [3.] edycja. Burgess Publishing Co. Minneopolis.

Ghewande, M. P.; R. N. Pandey; A. K. Shukla i D. P. Mishra (1984). Toksyczność filtratów z hodowli *Aspergillus flavus* na kiełkowanie nasion i wzrost sadzonek orzecha ziemnego. Ind. Bot. Rep., 3: 107-11.

Giannakou, I. O.; I. A. Anastasiadis; S. R. Gowen i D. A. Prophetou-Athanasiadou (2007). Efekty działania niechemicznego nicieniowca w połączeniu z solaryzacją gleby w celu zwalczania nicienia korzeniowego. Crop Protection, 26: 1644- 1654.

Goodey, J. B. (1957). Metody laboratoryjne pracy z nicieniami roślinnymi i glebowymi. Tech. Byk. Nr 2 Minist. Agric. Londyn, H. M. S. O., str. 47.

Hallmann, J. i R. A. Sikora (1996). Toksyczność grzybiczych endofitów metabolitów sekandrycznych dla nicieni pasożytniczych i roślin patogennych w glebie. Eur. J. Plant Pathol., 102: 155- 162.

Harris T. S., L. J. Sandall i T. O. Powers (1990). Identyfikacja pojedynczych osobników młodocianych z gatunku *Meloidogyne* poprzez amplifikację łańcuchowej reakcji polimerazy mitochondrialnego DNA. Journal of Nematology 22(4): 518-524.

Hartman, K. M. i J. N. Sasser (1985). Identyfikacja gatunków *meloidoginów na podstawie* badania różnicowego żywiciela oraz morfologii wzorca krocza. Zaawansowany traktat o *Meloidogynii*, tom II, Metodologia Pp.69-77, pod redakcją **K.R. Barkera; C.C. Cartera i J.N.Sassera.**

Hashem, M. i K. A. Abo-Elyousr (2011). Postępowanie z nicieniem korzeniowym *Meloidogyne incognita* na pomidorze z kombinacją różnych organizmów biokontrolnych. Crop Protection, 30: 285- 292.

Hashem, M.; Y. A. M. M. Omran i Nashwa M. Sallam (2008). Zarządzanie nicieniowatością korzeniową *Meloidogyne incognita oraz* produktywnością winnic bezpestkowych poprzez zastosowanie niektórych szczepów drożdży. Biol. Cont. Sci. Technol. 18: 357-375.

Hashim, Z. (1983). Roślinne nicienie pasożytnicze związane z granatem (*Punica granatum* L.) w Jordanii i próba zwalczania chemicznego. Nematol. Medit., 11: 199- 200.

Hassan, Shimaa M. A.; J. Zhao i H. Lili (2013). Identyfikacja gatunku i morfologia *Meloidogyne* spp. na owocach kiwi w Zhou Zhi, Chiny. Research Journal of Agricultural Sciences, 4 (1): 8- 15.

Hayashi, A.; S. Fujioka; M. Nukina; T. Kawano; A. Shimada i Y. Kimura (2007). Fumiquinones A i B, chininy nematyczne produkowane przez *Aspergillus fumigatus*. Biosci. Biotecnol. Biochem, 71 (7): 1697- 1702.

Helal, M.; B. M. Refaat; G. A. Abd El-Rahman i A. A. Kobisi (2016). Ocena aktywności nicieniowej aktynomiocetów glebowych wobec nicieni węzłowych, *Meloidogyne incognita*. Egyption J. of Biological Pest Control, 26 (3): 567- 572.

Heydari, R.; E. Pourjam i E. M. Goltapeh (2006). Antagonistyczne oddziaływanie niektórych gatunków *Pleurotusa* na nicień korzeniowy, *Meloidogyne javanic in vitro*. Plant Pathol. J., 5 (2): 173- 177.

Holt, J. G.; N. R. Krieg; P. H. A. Sneathm; J. T. Staley i S. T. Williams (1994). Podręcznik Bergey'a z bakteriologii oznaczeniowej. 9-cioro. Williams and wilking, Baltimore, Maryland, U.S.A. 787pp.

Hussey, B. S. i K. R. Barker (1973). Porównanie metod zbierania inokuli *Meloidogyne* spp. w tym nowej techniki. Plant Dis., 57: 1025-1028.

Hyman, B.C. (1990). Diagnostyka molekularna gatunków *Meloidogyne*. Journal of Nematology. 22: 24-30.

Hyman, B. C. i L. E. Whipple (1996). Zastosowanie polimorfizmu mitochondrialnego DNA do biologii populacji molekularnej *meloidoginów*. Journal of Nematology, 28 (3): 268- 276.

Jones, J. T.; A. Kumar; L. A. Pylypenko; A. Thirugnanasambandam; L. Castelli; S. Chapman; P. J. A. Cock; E. Grenier; C. J. Lilley; M. S. Phillips i V. C. Blok (2009). Identyfikacja i charakterystyka funkcjonalna efektorów w wyrażonych sekwencyjnie znacznikach z różnych etapów cyklu życia mątwika ziemniaczanego *Globodera pallida*. Molekularna patologia roślin, 10(6): 815-828.

Jo, Y.; B. H. Kim i G. Jung (2009). Działanie przeciwgrzybicze jonów srebra i nanocząsteczek na grzyby fitopatogenne. Plant Dis., 93: 1037-1043.

Jonathan, E. I.; K. R. Barker; F. F. Abdel- Alim; T. C. Vrain i D. W. Dickson (2000). Biologiczna kontrola *Meloidogyne incognita* na pomidorach i bananach z ryzobakteriami, aktynomiocytami i *penetracjami Pasteuria*. Nematropica, 30 (2): 231- 240.

Kanai, Y.; T. Fujimaki; S. Kochi; H. Konno; S. Kanazawa i S. Tokamasu (2004). Paeciloxazine, nowy antybiotyk nematyczny od *Paecilomyces* sp. J. Antibiot., 57: 24-28.

Karajeh, M. R. (2013). Skuteczność *Saccharomyces cerevisiae* w zwalczaniu zakażeń nicieni korzeniowych (*Meloidogyne javanica*) i promowaniu wzrostu i wydajności ogórków w warunkach laboratoryjnych i polowych. Archiwum Fitopatologii i Ochrony Roślin, 46 (20): 2492-2500.

Kashaija, I. N.; P. R. Speijer; C. S. Gold i S. R. Gowen (1994). Występowanie, rozmieszczenie i obfitość występowania pasożytniczych nicieni roślinnych w bananach w Ugandzie. African Crop Science Journal, 2 (1): 99- 104.

Kepenekçi, I; D. Erdoğuş i P. Erdoğan (2016). Wpływ ekstraktów roślinnych na warunki *in vitro* i *in vivo dla* nicieni korzeniowych. Türk. Entomol. Derg., 40 (1): 3- 14.

Khalil, M. S. H.; Atiyat, F. G. Allam i A. S. T. Barakat (2012). Aktywność nicieni niektórych czynników biopestycydowych i mikroorganizmów przeciwko nicieniom korzeniowym na roślinach pomidora w warunkach szklarniowych. Journal of Plant Protection Research, 52(1): 47- 52.

Khan, A. i S. S. Shaukat (2010). Analiza fitonematodu związanego z granatem w Khuzdar i okręgu Kalat, Balochistan. Pakistan J. Agric. Res., 23(3-4): 147- 150.

Khan, A.; S. S. Shaukat i I. A. Siddiqui (2005). Badanie dotyczące nicieni sadów granatowych w prowincji Balochistan, Pakistan. Nematol. Medyt., 33: 25- 28.

Khan, M. R. i M. Abu Hasan (2010). Różnorodność nicieni w rizosferze bananowej z Zachodniego Bengalu w Indiach. Journal of Plant Protection Research, 50 (3): 263- 268.

Khan, T. A.; M. F. Azam i S. I. Hussain (1984). Wpływ filtratów grzybowych *A. niger* i *Rhizoctonia solani* na penetrację i rozwój nicieni korzeniowych oraz wzrost roślin pomidora odmiany Marglobe. Ind. J. Nematol., 14: 106-109.

Khanna, A. S. i S. Kumar (2006). Ocena *in vitro* neemowych nematicydów przeciwko *Meloidogyne incognita*. Nematol. Medyt., 34:49-54.

Kiewnick, S. i R. A. Sikora (2005). Biologiczna kontrola nicieni korzeniowej *Meloidogyne incognita* szczepu *Paecilomyces lilacinus* 251. Biol. Kontrola, 38:179-187.

Korayem, A. M.; M. M. A. Youssef; M. M. Mohamed i A. M. S. Lashein (2014). Badanie pasożytniczych nicieni roślinnych związanych z różnymi roślinami na Północnym Synaju. Middle East Journal of Agriculture Research, 3(3): 522- 529.

Korayem, A.M.; S. A. Hasabo i H. H. Ameen (1993). Wpływ i sposób działania niektórych wyciągów roślinnych na niektóre pasożytnicze nicienie roślinne. Anz. Schädlingskde, Pflanzenschutz, Umweltschutz, 66: 32- 36.

Krieg, N. R. i J. G. Holt (1984). Bergey's Manual of Systematic Bacteriology Vol. 1, Williams and Wilkinc Company, Baltimore Md., U.S.A., 469 stron.

Kucharska, K. i E. Pezowicz (2009). Wpływ nanocząsteczek srebra na śmiertelność i patogenność entomopatogennych nicieni *Heterorhabditis bacteriophora* (Poinar, 1976) z biopreparatu nicieni. Artykuły IV Międzynarodowej Konferencji Doktorantów i Młodych

Naukowców "Młodzi naukowcy wobec wyzwań nowoczesnych technologii", Warszawa, Wrzesień 21-23.

Kurtzman, C. P. i J. W. Fell (1998). Drożdże: badanie taksonomiczne. 4th edn, Elsevier, Londyn, str. 273-352.

Kusano, M.; H. Koshino; J. Uzawa; S. Fujioka; T. Kawano i Y. Kimura (2000). Alkaloidy nematyczne i związane z nimi związki produkowane przez grzyb *Penicillium por. simplicissimum.* Bioscience, Biotechnology, and Biochemistry, 64 (12): 2559- 2568.

Kusano, M.; K. Nakagami; S. Fujioka; T. Kawano; A. Shimada i Y. Kimura (2003). By-dehydrokurwularyna i związane z nią związki jako nematycydy *Pratylenchus penetrujące* z grzyba *Aspergillus* sp. Bioscience, Biotechnology, and Biochemistry, 67 (6): 1413-1416.

Lelliott, R. A. i D. E. Stead (1987). Metody Patologii Roślin V. 2 Metody diagnozowania chorób bakteryjnych roślin. Blackwell scientific publicatio, Edynburg, Oxford, Londyn, 215 stron.

Leslie, J. F. i B. A. Summerell (2006). Wiley Blackwell Publishing, str.388.

Lily, T.; D. Soumana i P. C. Trivedi (2015). Zrównoważone wykorzystanie roślin leczniczych do zwalczania *Meloidogyne incognita-A* strategia zwalczania choroby węzłów korzeniowych upraw w Radżastanie w Indiach. World J. of Pharmacy and Pharmaceutical Sciences, 4 (8): 818- 829.

Lima, R. S.; M. F. S. Muniz; J. M. C. Castro; E. R. L. Oliveira; P. G. Oliveira; K. M. S. Siqueira; A. C. Z. Machado i J. G. Costa (2013). Częstotliwości występowania i zagęszczenia populacji głównych fitonematodów związanych z bananami w stanie Alagoas w Brazylii. Nematropica, 43: 186- 193.

Lim, D.; J. Roh; H. Eom; J. Choi; J. W. Hyun i J. Choi (2012). Oxidative stress-related pmk-1 p38 mapk aktywacji jako mechanizm toksyczności nanocząsteczek srebra do reprodukcji w nicieni *Caenorhabditis elegans*. Toksykologia i chemia środowiskowa, 31(3): 585- 592.

Liu, T.; L. Wang; Y. Duan i X. Wang (2008). Aktywność nematyczna filtratu z hodowli *Beauveria bassiana* przeciwko *hapla Meloidogyne*. World J. Microbiol. Biotechnol., 24(1): 113-118.

LiŠková, M.; N. Sasanelli i T. D'Addabbo (2007). Kilka uwag na temat występowania pasożytniczych nicieni roślinnych na drzewach owocowych na Słowacji. Plant Protection Science, 43 (1): 26- 32.

Lok, C.; C. Ho; R. Chen; Q. He; W. Yu; H. Sun; P. K. Tam; J. Chiu i C. Che (2006). Proteomiczna analiza sposobu antybakteryjnego działania nanocząsteczek srebra. J. Proteome Res., 5(4): 916- 924.

Luo, H. L.; M. H. Sun; J. P. Xie; Z. H. Liu i Y. Huang (2006). Różnorodność aktynomiozycetów związanych z nicieniem korzeniowym i ich potencjał do zwalczania nicieni. Wei Sheng Wu Xue Bao, 46 (4): 598- 601.

Mani, A. i C. L. Sethi (1984). Niektóre cechy filtratu z hodowli *F. solani* toksycznego dla *M. incognita*. Nematropica, 14: 121-129.

Mankau, R. (1969). Aktywność nicieniowa filtratów z hodowli *Aspergitlus niger*. Phytophathol., 59: 1170.

McSorley, R. (1992). Problemy nematologiczne w uprawach tropikalnych i subtropikalnych drzew owocowych. Nematropica, 22 (1): 103- 116.

Meng, Q. P.; H. Long i J. H. Xu (2004). Badania PCR do szybkiej i czułej identyfikacji trzech głównych nicieni korzeniowych, Meloidogyne incognita, M. javanica i M. arenaria. Acta Phytopathologcia Sinica, 34: 204-210.

Mervat, A. A.; Samaa, M. Shawky i G. S. Shaker (2012). Porównawcza skuteczność niektórych bioagentów, oleju roślinnego i ekstraktów wodnych roślin w zwalczaniu *Meloidogyne incognita* na wzrost i plonowanie winorośli. Annale nauk rolniczych, 57(1): 7- 18.

Meyer, Susan L. F.; R. N. Huettel i X. Z. Liu (2004). Aktywność filtratów z hodowli grzybów przeciwko mątwikowi sojowemu i nicieniowi korzennemu wykluwającemu się z jaj oraz ruchliwość młodocianych. Nematologia, 6(1): 23-32.

Meyer, Susan L. F.; Samia, I. Massoud; D. J. Chitwood i D. P. Roberts (2000). Ocena obecności *Trichoderma virens* i *Burkholderia cepacia pod* kątem aktywności antagonistycznej przeciwko nicieniowi korzeniowemu, *Meloidogyne incognita*. Nematologia, 2 (8): 871-879.

Ministerstwo Rolnictwa i Rekultywacji (2015). Biuletyn Statystyki Rolniczej, P. 23-24.

Misaghi, I. J.; M. W. Olsen; P. J. Cotty i C. R. Donndelinger (1988). Fluorescencyjny siderophore pośredniczy w pozbawieniu żelaza warunkowego mechanizmu kontroli biologicznej .Biologia i biochemia gleby, 20: 573-574.

Mokbel, Asmaa A. i Asmaa A. Alharbi (2014). Tłumiące działanie niektórych czynników mikrobiologicznych na nicień korzeniowy, bakłażan zakażony *Meloidogyne javanica*. Australian J. of Crop Science, 8 (10): 1428- 1434.

Mokbel, A. A.; I. K. A. Ibrahim; M. A. M. El-Saedy i S. E. Hammad (2006). Roślinne pasożytnicze nicienie związane z niektórymi drzewami owocowymi i uprawami warzyw w północnym Egipcie. Egipt. J. Phytopathol., 34 (2): 43- 51.

Moens, M.; R. N. Perry i J. L. Starr (2009). Gatunek *Meloidogyne* to zróżnicowana grupa nowych i ważnych pasożytów roślinnych. W

Perry, R.N.; M. Moens i J.L. Starr (eds). Węgorek korzeniowy CABI international, Cambrige, MA (USA), Pp.1-17.

Mondino E. A.; F. Covacevich; G. A. Studdert; J. P. Pimentel i R. L. Berbara (2015). Pozyskiwanie DNA społeczności nicieni z gleb rolniczych Argentyny Pampas. Annale Brazylijskiej Akademii Nauk 87(2): 691-697.

Moosavi, M. R. (2012). Nematicidal efekt niektórych ziołowych proszków i ich ekstraktów wodnych przeciwko *Meloidogyne javanica*. Nematropica, 42 (1): 48- 56.

Morones, J. R.; J. L. Elechiguerra; A. Camacho; K. Holt; J. B. Kouri; J. T. Ramirez i M. J. Yacaman (2005). Bakteriobójcze działanie nanocząsteczek srebra. Nanotechnologia, 16: 2346- 2353.

Mousa, E. M.; M. E. Mahdy i Dalia M. Younis (2011). Ocena niektórych wyciągów roślinnych w celu zwalczania nicieni korzeniowych *Meloidogyne* spp. na roślinach pomidora. Egypt Journal Agronematology, 10 (1): 1-14.

Mukhtar, T.; M. Z. Kayani i M. A. Hussain (2013). Nematicidal activities of *Cannabis sativa* L. and *Zanthoxylum alatum* Roxb. against *Meloidogyne incognita*. Uprawy i produkty przemysłowe, 42:447-453.

Mwesige R., A. Seid i W. Wesemael (2016). Nicienie na pomidorach w dystryktach Kyenjojo i Masaka w Ugandzie. African Journal of Agricultural Research 11(38): 3598-3606.

Nafe-Roth S. (1972). Produkcja i badanie biologiczne fitotoksyn. W: Fitotoksyny w chorobach roślin. Drewno, R.S.K., A. Ballio i A.Granit (eds.). Prasa akademicka, Nowy Jork.

Nakahara, S.; M. Kusano; S. Fujioka; A. Shimada i Y. Kimura (2004). Penipartynolen, nowy nematicide z *Penicillium bilaiae* chalabuda. Bioscience, Biotechnology, and Biochemistry, 68 (1): 257- 259.

Naserinasab, Fatemeh; N. Sahebani i H. R. Etebarian (2011). Biologiczna kontrola *Meloidogyne javanica za* pomocą *Trichderma harzianum* B1 i kwasu salicylowego na pomidorze. African Journal of Food Science, 5 (3): 276-280.

Nassar, A. M. K. (2016). Skuteczność nanocząsteczek srebra w ekstraktach z *moczników pokrzywki* (Urticaceae) przeciwko nicieniowi korzeniowemu *Meloidogyne incognita.* Asian Journal of Nematology, 5: 14- 19.

Naz, I.; J. E. Palomares-Rius; V. Blok; Saifullah; S. Ali i M. Ahmad (2012). Częstość występowania, częstotliwość występowania i identyfikacja molekularna nicieni korzeniowych pomidora w Pakistanie. African Journal of Biotechnology, 11 (100): 16546-16556.

Naz, I.; J. E. Saifullah; P. Rius; V. Blok; M. Ahmad i S. Ali (2013). Identyfikacja gatunkowa nicieni węzłów korzeniowych w Pakistanie za pomocą losowo amplifikowanego polimorficznego DNA (RAPD-PCR). Sarhad J. Agric., 29 (1): 71- 78.

Neves, W. S.; L. G. Freitas; R. G. Giaretta-Dallemole; C. F. S. Fabry; M. M. Coutinho; O. D. Dhingra; S. Ferraz i A. J. Demuner (2005). Aktywność wyciągów z czosnku, musztardy i papryki chili na wylęg jaj *Meloidogyne javanica.* Nematologia Brasileira, 29(2): 273-278.

Nitao, J. K.; Susan L. F. Meyer i D. J. Chitwood (1999). Badania in vitro *Meloidogyne incognita* i *Heterodera glycines w* celu wykrycia związków grzybów nicieniowo-antagonistycznych. Journal of Nematology, 31(2): 172-183.

Nitao, J. K.; Susan L. F. Meyer; W. F. Schmidt; J. C. Fettinger i D. J. Chitwood (2001). Nicienio-antagonistyczne trichoteceny z *Fusarium equiseti.* J. Chem. Ecol., 27(5): 859-869.

Noling, J. W. i J. O. Backer (1994). Wyzwanie związane z badaniami i rozszerzeniem w celu określenia i wdrożenia alternatyw dla bromku metylu. J. Nematol. 26: 573-586.

Newer, E. M. A. i Susan A. A. Hasabo (2005). Wpływ różnych praktyk zarządzania w zakresie kontroli nicieni korzeniowych *Meloidogyne incognita* na squasha. Egypt J. Phytopathol., 33 (2): 73-81.

Park, H.; S. H. Kim; H. J. Kim i S. Choi (2006). Nowa kompozycja nanosrebra krzemionkowego do zwalczania różnych chorób roślin. J. Plant Pathol., 22:295-302.

Powers, T. O. (1992). Diagnostyka molekularna dla nicieni roślinnych. Parazytologia Dzisiaj 8(5): 177-179.

Powers, T. O.; P. G. Mullin; T. S. Harris; L. A. Sutton i R. S. Higgins (2005). Włączenie identyfikacji molekularnej *Meloidogyne* spp. do zakrojonego na szeroką skalę badania regionalnych nicieni. Journal of Nematology, 37(2): 226- 235.

Powers T. O. i T. S. Harris (1993). Metoda łańcuchowej reakcji polimerazy służąca do identyfikacji pięciu głównych gatunków *meloidoginów*. Journal of Nematology 25(1): 1-6.

Radwan, M.A.; S.A.A. Farrag; M.M. Abu-Elamayem i N.S. Ahmed (2012). Biologiczna kontrola nicieni korzeniowej, *Meloidogyne incognita* na pomidorze przy użyciu bioproduktów pochodzenia mikrobiologicznego. Ekologia gleby stosowanej, 56: 58- 62.

Rajeswari, M. i S. Ramakrishnan (2015). Wpływ *Streptomyces fradiae* na nicień węzłowy *Meloidogyne incognita* w pomidorze. Research Journal of Agriculture and Forestry Sciences, 3(1): 6- 11.

Ralmi, N. H. A.; M. M. Khandaker i N. Mat (2016). Występowanie i kontrola nicieni sadzonek korzeniowych w uprawach: przegląd. Australian Journal of Crop Science, 10(12):1649-1654.

Roh, J.; S. J. Sim; J. Yi; K. Park; K. H. Chung; D. Ryu i J. Choi (2009). Ekotoksyczność nanocząsteczek srebra na podłożu nicieni *Caenorhabditis elegans* przy użyciu funkcjonalnych ekotoksykogenomiki. Środowisko. Sci. Technol., 43(10): 3933- 3940.

Ruanpanun, P.; N. Tangchitsomkid; K. D. Hyde i S. Lumyong (2010). Aktynomiocyty i grzyby wyizolowane z gleb porażonych przez nicieni pasożytnicze: badanie przesiewowe efektywnego potencjału biokontroli produkcji kwasu indolo-3octowego i sideroforu. World J. Microbiol. Biotechnol., 26: 1569- 1578.

Sambrook J., E. F. Fritsch i T. Maniatis (1989). Klonowanie molekularne: Podręcznik laboratoryjny (2nded.). Cold Spring Harbor Laboratory Press, Cold Spring Harbor, NY.

Schaad, N. W. (1988). Przewodnik laboratoryjny do identyfikacji roślinnych bakterii chorobotwórczych. Drugie wydanie. APS Press, 158 stron.

Shelke, S. S. i K. S. Darekar (2000). Reakcja ziarniniaka granatu na nicień korzeniowy. Journal of Maharashtra Agricultural University, 25(3): 308-310.

Shukla, V.N. i G. Swarup (1971). Badania nad węzłem korzeniowym warzyw.IV. Wpływ filtratu *Sclerotium rolfsii* na *Meloidogyne incognita.* Indianin J. Nematol., 1: 52-58.

Siddiqui, Z. A.; A. Iqbal i I. Mahmood (2001). Wpływ fluorescencji *Pseudomonas* i nawozów na rozmnażanie *Meloidogyne incognita* i wzrost pomidora. Applied Soil Ecology, 16: 179- 185.

Siddiqui, Z. A. i I. Mahmood (1999). Rola bakterii w zwalczaniu pasożytniczych nicieni roślinnych: przegląd. Bioresource Technology, 69: 167- 179.

Siddiqui, Z. A. i M. W. Khan (1986). Badanie nicieni związanych z granatem w Libii oraz ocena niektórych nicieni systemowych pod kątem ich kontroli. Pak. J. Nematol., 4 (2): 83-90.

Singh, S. B.; J. L. Smith; G. S. Sabnis; A. W. Dombrowski; J. M. Schaeffer; M. A. Goetz i G. F. Bills (1991). Struktura i konormacja ophioboliny k i 6-epiphioboliny k z *Aspergillus ustus* jako środka nematycznego. Czworościan, 47: 6931- 6938.

Sneath, P. H. A. (1965). Charakterystyka kulturowa i biochemiczna rodzaju *Chromobacterium*. J. Gen. Micro, 15: 7-98.

Sondi, I. i B. Salopek-Sondi (2004). Nanocząsteczki srebra jako środek przeciwdrobnoustrojowy: studium przypadku *E. coli* jako model dla bakterii Gram-ujemnych. Journal of Colloid and Interface Science, 275: 177- 182.

Song, Z. Q.; F. X. Cheng; D. Y. Zhang i Y. Liu (2017). Pierwszy raport o zakażeniu konopi indyjskich *Meloidogyne javanica* (*Cannabis sativa*) w Chinach. Choroba roślin. http://dx.doi.org/10.1094/PDIS-10-16-1537-PDN.

Stapp, C. (1961). Bakteryjny patogen roślinny. Oxford Unv. Prasa. Londyn. 15: 103-106.

Sun, M.; L. Gao; Y. Shi; B. Li i X. Liu (2006). Grzyby i aktynomiocety związane z jajami i samicami *Meloidogyne* spp. w Chinach oraz ich potencjał biokontroli. J. Bezkręgowiec. Pathol., 93(1): 22-28.

Taha, Entsar H. (2016). Nematyczne działanie nanocząsteczek srebra na nicielnice korzeniowe (*Meloidogyne incognita*) w laboratorium i pracowni. J. Plant Prot. I Path., Mansoura Univ, 7 (5): 333- 337.

Taye, W.; P. K. Sakhuja i T. Tefera (2013). Zarządzanie nicieniowatością korzeniową (*Meloidogyne incognita*) przy użyciu środków botanicznych w pomidorze (*Lycopersicon esculentum*). Academia Journal of Agricultural Research, 1(1): 9- 16.

Taylor, A. L. i J. N. Sasser (1978). Biologia, identyfikacja i kontrola nicieni korzeniowych (gatunek *Meloidogyne*). International *Meloidogyne* Project, North Carolina State University Graphics.

Taylor, D. P. i C. Netscher (1974). An improved technique for preparing perineal patterns of *Meloidogyne* spp. Nematological, 20 (2): 268-269.

Tibugari, H.; D. Mombeshora; R. Mandumbu; C. Karavina i C. Parwada (2012). Porównanie skuteczności ekstraktów wodnych z czosnku, fasoli rącznikowej i nagietka w biokontroli nicieni korzeniowych w pomidorze. Journal of Agricultural Technology, 8 (2): 479-492.

Tomaszewski, E. K.; M. A. M. Khalil; A. A. El-Deeb; T. O. Powers i J. L. Starr (1994). *Meloidogyne javanica* pasożytnicza na orzeszkach ziemnych. Journal of Nematology, 26 (4): 436- 441.

Tzortzakakis, E. A. (2008). Roślinne nicienie pasożytnicze związane z uprawą bananów na Krecie, w Grecji. Acta Agriculturae Slovenica, 91 (1): 97- 101.

Vasebi, Y.; A. Alizadeh i N. Safaie (2015). *Pantoea aglomerans* jako czynnik biokontroli *Makrofomina phaseolina* i stymulator wzrostu soi . J. Crop. Prot., 4 (1): 43- 57.

Wheeler, H. (1975). Roślinne patogeny. Springer-Verlag Berlin. Heidleberg, Nowy Jork. s. 106

Youssef, M. M. A. i Asmahan M. S. Lashein (2013). Skuteczność różnych roślin leczniczych jako zielonych i suchych liści oraz wyciągów z liści na nicień węzłowy korzeniowy, *Meloidogyne incognita* infekujący bakłażan. Eurasian Journal of Agricultural and Environmental Medicine, 2 (1): 10-14.

Zakaria, Hanan M.; A. S. kassab; M. M. Shamsaldean; Mona, M. Oraby i M. M. F. El-Mourshedy (2013). Kontrolowanie nicieni korzeniowych, *Meloidogyne incognita* w roślinach ogórka przy użyciu niektórych bioagentów glebowych i niektórych zmian w symulowanych warunkach polowych. Aneksy Nauk Rolniczych, 58(1): 77-82.

Zijlstra C.; D. T. H. M. Donkers-Venne; M. Fargette (2000). Identyfikacja *Meloidogyne incognita, M. javanica* i *M. arenaria za* pomocą testów PCR opartych na sekwencyjnie scharakteryzowanym regionie wzmocnionym (SCAR). Nematologia, 2:847-853.

Printed by Books on Demand GmbH, Norderstedt / Germany